65

スポーツを10倍楽しむ統計学

データで一変するスポーツ観戦

鳥越規央 著

DOJIN SENSHO

まえがき

現代のスポーツにまつわるキーワードを3つ挙げるとするならば「10代」「レジェンド」「データ」である。水泳や卓球、ゴルフ、フィギュアスケートをはじめ、さまざまな競技界では幼少の頃からその競技を始め、10代ですでに世界を極めようとしている選手が現れている。その一方で、日本のプロ野球やJリーグ、スキージャンプの世界では、これまでであればすでに引退しているような年代の選手が現役を続行し、若手選手と対等に勝負を挑んでいる姿がある。これらは、若年層に対する指導論や、選手寿命を伸ばすためのトレーニング理論の確立に依るところが大きい。そういった理論の裏付けに「データ」は欠かせない存在となっている。さらには選手起用や戦術の選択を客観的に評価するためにデータを活用する姿勢は、あらゆる競技で見受けられるようになった。

1964年に行われた東京オリンピックでは、「東洋の魔女」と称されたバレーボール女子全日本チームが、大松博文監督のいろんな意味で「豊富な」練習量による指導で金メダルを獲得したエピソードが有名となったが、現在の眞鍋政義監督は、アナリストを携え、データ解析による新戦術や選手起用によって、次のリオデジャネイロ・オリンピック、さらに56年ぶりの日本での開催となる2020年の東京オリンピックにて金メダルをめざしている。またリオデジャネイロ・オリンピックから正式競技として復活するゴルフやラグビー（今回は7人制が採用）にも、最先端技術によって収集されたデータによるプレー解析が、競技力向上に活用されるようになった。その詳細は本文を読んでいただくこととして、とにかく現代のスポーツの発展に、データ解析が寄与しているケースは多々ある。

またスポーツ科学における研究においても統計学は重要な役割を果たしている。たとえば、乳酸はかつて「筋肉に蓄積されることで疲労を誘発する物質」であるとされてきたが、近年の研究において、運動強度と血中乳酸濃度の関係を示すデータから「乳酸があるほうが筋肉は持続的に収縮でき、乳酸値が高いことはそれだけ筋肉のパワーを最大限に引き出せる能力をもつ」という説が有力となった。

さまざまなデータの解析のためには統計学の基礎知識が必要となるわけで、そういった潮流を統計学者として嬉しく思う。

これまで私は、「セイバーメトリクス」と称される野球の統計学に関する書籍を編纂してきたが、本書では「野球以外」のスポーツの数字にまつわるエピソードを中心にまとめた。野球と同様、デジタルなデータが収集しやすいゴルフのような競技から、アナログなデータでかつ選手間の相性の要素が大きく影響すると言われるサッカーや格闘技まで幅広く取り上げ、そのスポーツに内在する数字から、その競技の新たな魅力を引き出すことや、選手や戦術の評価法の提案などに挑戦している。

本書では、章ごと、さらには章末のコラムも合わせて計17個の各種競技のデータにまつわるエピソードを紹介している。みなさまのお好きな競技から読んでいただくもよし、未知なる競技への導入として読んでいただくもよし、記述統計（収集されたデータを整理し分析する統計学の手法）のテキストとしてご利用いただくのもよし、である。

本書が、スポーツをデータというフィルターを通して観ることで、その競技をより一層、量にして10倍楽しんでいただくきっかけとなれば幸いである。

なお本書掲載のデータは、原則として２０１５年４月時点で最新のものを使用している。

スポーツを10倍楽しむ統計学　目次

まえがき　1

第1章　テニス――なぜ決勝に進む選手は同じなのか？　11
番狂わせの起きにくいテニス
エバート、ナブラチロワ時代（1970～80年代）
グラフ、セレシュ時代（90年代）
ヒンギス時代（97年～2001年）
パワーテニスの時代へ（00年代）
90年までの男子テニス界
90年代の男子テニス界
00年代の男子テニス界
日本のエース錦織圭がグランドスラムで優勝を勝ち取る確率は
コラム　さらなる躍進は「効果率」向上にあり!?――全日本女子バレー　29
全日本女子チームのデータ戦略／日本の新戦術「ハイブリッド6」

第2章　卓球――若い力で王国の復活をめざせ　39
卓球王国ニッポンと温泉の関係
日本の衰退、中国の台頭
卓球に大変革をもたらしたルール改正

天才卓球少女の出現相次ぐ
卓球ニッポンの復権を担う次世代のスターたち
コラム　水泳は若い選手が有利？　50
平泳ぎで強さを見せる日本人選手／水泳は「早熟型」の競技か？
厚みを増すトビウオジャパンの選手層

第3章　サッカー――データでひもとくＦＩＦＡワールドカップ　59
平均得点の推移から見える戦術の変化
先制点にまつわる７・２・１の法則
もっとも多いスコアは
得点が生まれやすい時間帯
先攻と後攻、有利なのは？　重圧がのしかかるＰＫ戦
コラム　ＰＫの戦略を数字で考える　70
カストロールインデックスによる選手評価
コラム　なでしこジャパンのワールドカップ連覇の確率は？　78
女子サッカー競技人口の推移／なでしこジャパン大躍進の原動力
第7回女子ワールドカップの優勝は？

第4章　ゴルフ――パターとドライバーのどちらが重要？　85
ゴルフ２０１５年問題

宮里藍の飛躍
松山英樹と石川遼の違いを探る
最新の機器によってつくり出された新しい指標 Score Gained
「パット・イズ・マネー」は迷信か
ゴルフでも重要なデータアナリスト
コラム　ワールドカップ開催を控えたラグビーのデータ戦略 98
ラグビー人気の盛衰／日本ラグビーの強化策は？

第5章 陸上——世界記録はどこまで伸びるのか？ 107
日本人走者100mの記録
世界記録の変遷
100mの記録の限界は？
マラソンの記録はどこまで伸びるか？
コラム　箱根駅伝——もっとも重要な区間は？ 118
総合タイムの変遷／総合成績に影響を与える区間は？

第6章 スキージャンプ——伝説とドラマはいかに生まれたか 125
日の丸飛行隊の誕生
V字ジャンプで飛距離を伸ばす
日の丸飛行隊の復活

レジェンド葛西の強さ
注目の女子ジャンパー
コラム　圧倒的に後攻有利なカーリング　139
氷上で繰り広げられる駆け引き／チームの浮沈を握るのは何人目か

第7章　フィギュアスケート——明暗を分けた技術点と演技構成　147
フィギュアスケートの起源
女子シングルの競技性を高めた伊藤みどり
日本フィギュアの選手層を厚くした野辺山合宿
羽生結弦に金メダルをもたらした演技構成
浅田真央は悲運のヒロインか
コラム　インコースとアウトコースで有利なのは？——スピードスケート　163
オリンピックにおける日本選手の活躍／インとアウトで差はあるのか
オランダの強さの背景は？

第8章　大相撲——大横綱は格下にめっぽう強い　171
相撲人気を支える新人力士
大関昇進をめざす力士に求められるもの
横綱への険しい道のり
7勝7敗で千秋楽を迎えた力士の勝敗は

大型化する力士のための大相撲改革案とは
コラム　柔道ニッポン・お家芸復活に向けた方策とは　191
翳りの見える日本柔道／世界の潮流との違いは？／柔道大国フランス
参考文献・参考ウェブサイト　197
あとがき　201

第1章　テニス——なぜ決勝に進む選手は同じなのか？

ノバク・ジョコビッチのフォアハンドからのショットが錦織圭の足元を通過する。

「アウト！」

2014年の全米オープン、準決勝第1試合が終わったその瞬間、センターコートには両手ガッツポーズで喜びを表す錦織の姿があった。日本人で初めて4大大会の決勝に進出という偉業を成し遂げたのだ。

テニスにおいて、強豪を押しのけて決勝に進出することがどれだけの苦行であるかは、決勝に進出する面々が代わり映えしないことからでも察することは可能であろう。

この章では、テニスという競技のルール上の特性を統計学的に分析し、いかに下克上が大変であるかを紹介し、そのうえで錦織が上位に進出した秘訣を探ってみる。さらに将来、錦織が4大大会で優勝できる確率の算出にも言及する。

番狂わせの起きにくいテニス

子どもの頃からテニスの大会を見て思うことがあった。「いつも決勝に進出する選手が同じだなぁ」と。

じつは、テニスという競技は番狂わせが起きにくいということが数学的に知られている。ここで改めてテニスのルールをおさらいしよう。硬式テニスでは4ポイント先取でゲーム、6ゲーム先取で1セットを取得できる。ただしゲーム中3－3、つまり40オールになったらデュースとなり、この状態から2回連続でポイントを取らない限りゲームは終了しない。またセット中5ゲームずつ取得した場合は、2ゲーム差がつくまでセットは終了しない（ただし相手のサーブゲームをブレイクした数が同じ場合は時間短縮のため「タイブレイク」と呼ばれるゲームを行い、セットを決することがほとんどである）。

2人の選手のラリーにおける実力差が$p:1-p$としたとき、このルールにのっとって、数学的に両者のゲーム取得確率を計算してみよう。

テニスのスコアは負の2項分布という、ある一定の成功を得るまでに必要な試行回数を表す確率分布に従うことが知られている。プロ野球の日本シリーズの勝敗の分布も、これに従っている。それをもとに計算を行うと、実力pの選手が4－0となる確率はp^4、4－1となる確率は$4p^4(1-p)$、4－2となる確率は$10p^4(1-p)^2$である。また3－3になる確率は$20p^3(1-p)^3$であり、ここからデュースを制する確率は$p^2/\{1-2p(1-p)\}$である（図1－1）。

よって実力pの選手がゲームを取得できる確率を表す数式は、

$$p^4\{1+4(1-p)+10(1-p)^2\}+\frac{20p^5(1-p)^3}{1-2p(1-p)}$$

となり、この式に$p=0.6$を代入するとその確率は73・6％となる。この数字をもとに試合での勝率を計算すると、男女とも99％というほぼワンサイドな勝率となってしまう。つまりラリー1本の実力差が6：4であれば、ほぼ勝利を手にすることができるのである。pの値を0・55にしても試合での勝利確率は90％を超え、0・51という僅差にしても、試合での勝利確率は60％を超える。つまりテニスは少しの実力差でも試合における勝利確率には大きな差が生じるスポーツなのである（データ1－1）。

初めてデュースになったときから、2連続ポイントとなる確率は

p^2　○→○

1度デュースに戻り、そこから2連続ポイントとなる確率は

$2p(1-p) \times p^2$　○→×→○→○
×→○→○→○

2度デュースに戻り、そこから2連続ポイントとなる確率は

$2^2p^2(1-p)^2 \times p^2$　○→×→○→×→○→○
○→×→×→○→○→○
×→○→×→○→○→○
×→○→○→×→○→○

n度デュースに戻り、そこから2連続ポイントとなる確率は

$2^np^n(1-p)^n \times p^2$

これらをすべて合計すると

$$p^2 + 2p(1-p)p^2 + 2^2p^2(1-p)^2p^2 + \cdots = p^2\sum_{n=0}^{\infty}\{2p(1-p)\}^n$$

となり、これは初項 p^2、公比 $2p(1-p)$ の等比数列の無限級数なので、その解は

$$\frac{p^2}{1-2p(1-p)}$$

となる。

図1－1　デュースを制する確率

データ1－1　ポイント獲得比率の変化によるテニスの勝率

選手のポイント獲得比率 p	ゲーム獲得率	セット獲得率	3セットマッチの勝率	5セットマッチの勝率
0.6	0.736	0.966	0.997	0.9996
0.55	0.623	0.822	0.916	0.957
0.51	0.525	0.573	0.609	0.636

データ１－２　1975年11月～1987年8月のWTAランキングの１位

	通算週	最大連続在位週	在位回数	4大大会優勝回数
ナブラチロワ	332	156 (1982年1月～1985年1月)	9	18
エバート	260	113 (1976年5月～1978年7月)	9	18
オースティン	21	19	1	2
グーラコング	2	2	1	7

エバート、ナブラチロワ時代（１９７０～80年代）

１９７５年から始まった女子テニス協会（ＷＴＡ）の世界ランキングを見ると、その代替わりの少なさが際立つ。ランキング１位経験者はこれまでに21人しかいない。これは同時期に誕生した横綱の人数（17人）とほぼ等しい。

75年から87年8月までのランキングを見ると、マルチナ・ナブラチロワ（チェコスロバキア→米→チェコ）とクリス・エバート（米）の2人が入れ替わり立ち替わりで1位に就いている（データ１－２）。

75年から86年までに開催された全豪、全米、全仏、ウィンブルドンといった、いわゆるグランドスラムの47大会において、エバートは26回、ナブラチロワは23回決勝に進出している。そして両者の直接対決はじつに13回。つまり4分の1以上の大会で、両者が決勝でしのぎを削っていたことになる。対戦成績はナブラチロワの9勝4敗。とくにウィンブルドンではナブラチロワが5戦全勝である。

80年代におけるナブラチロワは決勝進出が25回で64％の進出率。

データ1－3　1987年8月～1997年3月のWTAランキングの1位

	通算週	最大連続在位週	在位回数	4大大会優勝回数
グラフ	377	186 （1987年8月～1991年3月）	7	22
セレシュ	178	91 （1991年9月～1993年6月）	5	9
アランチャ・サンチェス	12	6	3	4

そのうち優勝はウィンブルドン6連覇を含む15回、勝率38％という驚異的な強さであった。

またエバートも86年の全仏で優勝を飾り、74年から13年連続で4大大会での優勝という女子テニス史上最長記録を達成する。そのエバートが4大大会での優勝を1度も獲れなかった87年に、新星がWTAランキング1位に就く。シュテフィ・グラフ（ドイツ）である。

87年にエバートを破り、WTAトーナメント初優勝を果たして頭角を表したグラフは、87年の全仏において17歳という若さで初優勝。その年出場した75試合の戦績は73勝2敗で勝率0・973。8月のランキングで1位となったグラフは、ナブラチロワをも押しのけ、ここから91年3月まで186週連続でその地位を維持する。

グラフ、セレシュ時代（90年代）

89年にプロデビューしたモニカ・セレシュ（ユーゴスラビア→米）が急成長し、90年の全仏で優勝、91年に当時の史上最年少記録である17歳3カ月で世界ランキング1位となり、90年代は「グラフ、セレシュ」の２強時代となる（データ１－３）。93年にセレシュは試合中、暴漢に襲われるというアクシデントに見舞われたが、２年後に復帰。95年８月から96年11月まで64週連続でグラフとセレシュが同時に１位に就いていたこともある。

87年から96年に行われた４大大会40大会において、セレシュは13回、グラフは28回決勝に進出している。グラフの決勝進出率は、じつに７割である。両者の直接対決は６度で、グラフ、セレシュともに３勝だが、グラフはウィンブルドン１勝、全米２勝、セレシュは全豪１勝、全仏２勝となっている。

ヒンギス時代（97年～２００１年）

94年に14歳でプロデビューしたマルチナ・ヒンギス（スイス）は97年の全豪で４大大会最年少16歳３カ月での優勝を果たし、同年３月にはセレシュの記録を破る16歳６カ月で世界ランキング１位となる。なおヒンギスのファーストネーム「マルチナ」は、ナブラチロワに由来する。以降、２００１年まで通算２０９週１位に在位し、その間に行われた４大大会20大会において決勝進出11回、優勝５回の成績を収める。また同時期の好敵手はリンゼイ・ダベンポート（米）であり、同時期に４大大会３度の優勝を飾り、決勝でのヒンギスとの直接対決では２度対戦し２勝している（データ１－４）。

データ1－4　1997年3月～2001年10月のWTAランキングの1位

	通算週	最大連続在位週	在位回数	4大大会優勝回数
ヒンギス	209	80 (1997年3月～1998年10月)	5	5
ダベンポート	28	5	4	3

パワーテニスの時代へ（00年代）

00年以降は前述のダベンポートや、セリーナとヴィーナスのウィリアムズ姉妹（米）、マリア・シャラポワ（ロシア）といったパワープレイを主体とするプレーヤーが女子テニス界を席巻してきた。またジュスティーヌ・エナンやキム・クライシュテルスといったベルギー勢が彼女たちに対抗してきた（データ1－5）。

このデータから、シャラポワやヴィーナス・ウィリアムズが、ランキング1位に就いた期間が短いことがわかる。これは、両者がトーナメントにおける好不調の波が大きく、堅実にポイントを稼いでいくタイプではないためである。なので、はまったときの爆発力は大きく、ヴィーナスは4大大会で7度、シャラポワは4度優勝している。シャラポワの4度の優勝は4大大会すべて1勝ずつなので、数少ない「生涯グランドスラム達成者」の一人でもある。

00年以降のグランドスラム大会の決勝進出者を見てみると、00年から14年までの59大会において、セリーナ・ウィリアムズが20回の決勝進出、そのうち16回の優勝と一人勝ちの様相を呈しているが、以降は群雄割拠である（デ

データ1－5　1998年10月以降のWTAランキングの1位（ヒンギスを除く）

	通算週	最大連続在位週	在位回数	4大大会優勝回数
S.ウィリアムズ	202	79 （2013年2月～）	6	13
エナン	117	61 （2007年3月～2008年5月）	4	7
ダベンポート	98	44 （2004年10月～2005年8月）	8	3
ウォズニアッキ	67	49 （2011年2月～2012年1月）	2	0
アザレンカ	51	32 （2012年7月～2013年2月）	2	2
モレスモ	39	34 （2006年3月～11月）	2	2
サフィナ	26	25 （2009年4月～10月）	2	0
シャラポワ	21	7 （2007年1月～3月）	5	4
クライシュテルス	20	10 （2003年8月～10月）	4	2
ヤンコビッチ	18	17 （2008年10月～2009年1月）	2	0
イバノビッチ	12	9 （2008年6月～8月）	2	1
V.ウィリアムズ	11	4 （2002年6月～7月）	3	7

データ1－6　2000年以降における4大大会の決勝進出回数5傑

	決勝進出回数	優勝回数
S. ウィリアムズ	20	16
V. ウィリアムズ	13	7
エナン	11	7
シャラポワ	9	4
クライシュテルス	8	4
計	61 （52％）	38 （64％）

ータ1－6）。

決勝進出経験者は34人である。また、決勝の組み合わせも43通りあり、「またいつもの組み合わせか」といったこともなくなってきた。なお最多の組み合わせはウィリアムズ姉妹どうしの対戦で8回（14％）であるが、この対戦も09年ウィンブルドンを最後に行われていない。またセリーナのほか12対戦において、4度以上対戦したプレーヤーはいない〔シャラポワは3回、ビクトリア・アザレンカ（ベラルーシ）は2回〕。

90年までの男子テニス界

男子テニス界においては、上位の揺るがなさ山のごとしである。74年7月にジミー・コナーズが男子プロテニス協会（ATP）のランキング1位になって以降、90年8月までの17年間で1位経験者はたったの5人である（データ1－7）。これは同時期に襲位した将棋の名人の人数に等しい。

この期間に行われた4大大会67大会のうち、この5人で優勝41回、じつに61％を占める。ビ

データ1－7　1974年7月～1990年8月のATPランキングの1位

	通算週	最大連続在位週	在位回数	4大大会優勝	決勝進出
レンドル	270	157 (1985年9月～1988年9月)	8	8	18
コナーズ	268	160 (1974年7月～1977年8月)	9	8	7
マッケンロー	170	58 (1981年8月～1982年9月)	14	7	11
ボルグ	109	46 (1980年8月～1981年7月)	6	11	16
ビランデル	20	20 (1988年9月～1989年1月)	1	7	11

ヨルン・ボルグは76年からウィンブルドン5連覇、全仏では78年からの4連覇を含む6回優勝と、この時期に行われたふたつの大会で圧倒的な強さを発揮した（全米の最高位は準優勝、全豪は3回戦）。しかしランキング1位在位はそれほど長くない。それは83年に26歳の若さで突然の引退を表明したからである。またマッツ・ビランデルの1位在位もそれほど長いわけではないが、それはほかの4人が凄すぎただけで、82年に全仏で優勝して以来、4大大会で7度戴冠し、88年は全豪、全仏、全米の3冠に輝いた。

90年代の男子テニス界

90年代前半は80年代後半から活躍してきたボリス・ベッカー（ドイツ）をはじめ、ステファン・エドベリ（スウェーデン）、ジム・クーリエ（米）の活躍が目立ち、90年代後半はピート・サンプラス（米）とアンド

データ1－8　1990年8月～2004年2月のATPランキングの1位在位5傑

	通算週	最大連続在位週	在位回数	4大大会優勝	決勝進出
サンプラス	286	102（1996年4月～1998年3月）	11	14	18
アガシ	101	52（1999年9月～2000年9月）	4	8	15
ヒューイット	80	75（2001年11月～2003年4月）	2	2	4
エドベリ	72	24（1990年8月～1991年1月）	5	6	11
クーリエ	58	27（1992年10月～1993年4月）	4	4	7

レ・アガシ（米）を中心に展開する（データ1－8）。

とくにサンプラスの強さは傑出しており、1位在位286週、4大大会14勝は当時の歴代1位である。ただ96年以降、03年までの8年間で1位経験者は9人と、徐々に男子テニス界が混沌とするかに思えた。

00年代の男子テニス界

しかし03年、テニス界に巨星が現れた。ロジャー・フェデラー（スイス）である。フェデラーは03年にウィンブルドンで初優勝し、翌04年には全仏を除く3大大会で優勝を果たす。また04年2月に世界ランキング1位に就いて以来、08年8月まで237週連続で在位していた。これは男女を通じて歴代1位の記録であり、4年もの間、世界のトップに君臨していたことになる。

そのフェデラーを05年の全仏の準決勝で破り、その大会で初優勝を果たしたのが当時19歳のラファエル・

データ1－9　2004年2月以降のATPランキングの1位

	通算週	最大連続在位週	在位回数	4大大会優勝	決勝進出
フェデラー	302	237 （2004年2月～2008年8月）	3	17	26
ナダル	141	56 （2010年6月～2011年7月）	3	14	21
ジョコビッチ	142	53 （2011年7月～2012年7月）	3	8	15

ナダル（スペイン）である。ナダルはそこから世界のトッププレーヤーとして実績を重ね、とくに全仏での強さは他の追随を許さず、05年の初優勝以来、09年を除いてすべて優勝、現在のところ、5連覇、通算9回の優勝はどちらも大会最多記録である。08年8月にはフェデラーをランキング1位の座から下ろし、自身初のランキング1位に就く。なおナダルはフェデラーに対して相性がよく、通算で23勝10敗、4大大会では9勝2敗と圧倒的である。

06年全仏ベスト8をきっかけに急成長し、08年には全豪オープンの準決勝でフェデラーを破り（フェデラーは05年ウィンブルドン以来継続していた4大大会決勝進出記録を10で止められた）、セルビア出身のテニスプレーヤーとして初めて4大大会を制したのが、ノバク・ジョコビッチである。ジョコビッチは11年7月にランキング1位となっている。

じつは04年以降、ランキング1位の経験者はこの3人だけである（データ1－9）。

03年以降に開催された4大大会49大会での優勝は、フェデラー

データ1－10　2003～15年のグランドスラム優勝者（男子シングルス）

年	全豪	全仏	ウィンブルドン	全米
2003	アガシ	フェレーロ	フェデラー	ロディック
2004	フェデラー	ガウディオ	フェデラー	フェデラー
2005	サフィン	ナダル	フェデラー	フェデラー
2006	フェデラー	ナダル	フェデラー	フェデラー
2007	フェデラー	ナダル	フェデラー	フェデラー
2008	ジョコビッチ	ナダル	ナダル	フェデラー
2009	ナダル	フェデラー	フェデラー	デル・ポルト
2010	フェデラー	ナダル	ナダル	ナダル
2011	ジョコビッチ	ナダル	ジョコビッチ	ジョコビッチ
2012	ジョコビッチ	ナダル	フェデラー	マレー
2013	ジョコビッチ	ナダル	マレー	ナダル
2014	ワウリンカ	ナダル	ジョコビッチ	チリッチ
2015	ジョコビッチ			

17回（35％）、ナダル14回（29％）、ジョコビッチ8回（16％）となっており、この3選手だけで勝率80％となっている（データ1－10）。また04年ウィンブルドン以降の決勝（44試合）には、この3人のいずれかが進出している。決勝での直接対決もフェデラー対ナダルは8試合（ナダルの6勝2敗）、フェデラー対ジョコビッチは2試合（1勝1敗）、ナダル対ジョコビッチは7試合（ナダルの4勝3敗）行われている。

この3人にアンディ・マレー（英）を加えた、いわゆる「BIG4」が現在の男子テニス界に盤石な上位陣を形成している。

日本のエース錦織圭がグランドスラムで優勝を勝ち取る確率は

このように番狂わせが起きにくいテニスの世界で、虎視眈々と次世代のトップをめざす日本人選手、錦織圭。13年末時点ではATPランキング最高位が11位、優勝回数3回だった錦織は14年になって大ブレイク。2月に「USナショナル室内テニス選手権」、4月に「バルセロナオープン」で優勝、5月にATPランキング9位と、日本人男子プレーヤー初のトップ10入りを果たす。またマイアミオープンではベスト8でフェデラーに勝利、そして8月の全米オープンでは快進撃を見せ、準決勝でジョコビッチに勝利し、日本人初の4大大会シングルスの決勝進出を決めたのはご存じのとおり。その後も9月に「マレーシアオープン」、「楽天ジャパンオープン」と連覇。この年だけでATPツアー4勝を挙げており、ついにはアジア人として初めて「ATPツアーファイナル」に出場するまでにいたった。

ではATPのサイトにあるデータから、彼の強さの特徴をひもといてみよう（データ1-11）。14年のデータによると相手側にサーブ権があるゲーム（リターンゲーム）におけるゲーム取得率（ブレイク率）は28%で6位にランクされており、ATPランク1位のジョコビッチの33%に肉薄し、2位のフェデラーの26%よりもよい記録なのである。また、ブレイクポイント取得率も42%と好成績である。つまり相手のサーブにすばやく対応し、巧妙なストロークによって相手のタイミングを崩し、ポイントを獲得する様子がデータから伺える。

データ1－11　ATPの集計による2014年シーズンの錦織圭のデータ

	錦織圭	ナダル	ジョコビッチ	フェデラー
ATPランキング（2014年8月18日時点）	5位	3位	1位	2位
ブレイク率（%）	28（6位）	35（1位）	33（2位）	26（10位）
ブレイクポイント取得率（%）	42（13位）	48（1位）	45（2位）	39（24位）
ファーストサーブリターン時のポイント取得率（%）	30（15位）	35（1位）	33（5位）	32（7位）
セカンドサーブリターン時のポイント取得率（%）	53（6位）	56（2位）	58（1位）	51（13位）
ファーストサーブ決定率（%）	60（26位）	70（1位）	67（5位）	64（17位）
ファーストサーブ決定時のポイント取得率（%）	73（24位）	72（28位）	75（17位）	79（7位）
セカンドサーブ決定時のポイント取得率（%）	54（14位）	55（6位）	56（3位）	58（1位）
サーブゲームキープ率（%）	84（19位）	85（14位）	88（5位）	91（3位）

しかし、サーブゲームのときのデータには特筆すべきものがなく、ファーストサーブ決定率も60%と、トップ3とは水をあけられている。サーブゲームにおけるプレーぶりが、トップを狙うために克服しなければならない課題のひとつだといえよう。

数値上は少しの差に見えるかもしれないが、先に述べたようにテニスにおいてはそれが大きな実力差として現れるのである。

しかしながら14年の全米オープンでは、あるデータが際立っていたことが判明した。科学スポーツジャーナリスト、玉村治氏のサイトによると、セカンドサーブ決定時のキープ率が81％と、トップ3が50％だったのに比べて突出していた。つまりファーストサーブを思い切り打って失敗しても、セカンドサーブでゲームをつくっていける安心と自信が伺えるデータである。

その裏には、専属コーチとなったマイケル・チャンによる指導で、技術面だけでなく、精神面、体力面での成長があったのだろう。

彼の代名詞である「エアーK」とは、ジャンプして体を浮かせながら球の上がり際をフォアハンドで打ち込むショットのこと。打つタイミングを判断するスピードの速さと体幹の強さによって生み出された彼の大きな武器である。全米オープンの決勝では劣勢だったため、エアーKは不発であったが、ふたたびグランドスラムの決勝の舞台に立つときには、ぜひこの技を披露して、戴冠の栄誉をつかみ取っていただきたい。

では15年、錦織がグランドスラムを獲得する確率を大雑把ながら計算してみよう。21世紀以降、大会開始直前のATPランキングが5位以下の選手が、その大会で優勝できたのは57大会中11大会である（データ1－12）。つまり単純計算では13・9％の確率だということになる。

フェデラーとナダルがはじめて4大大会で優勝したときのランキングは5位であった。さらには14年シーズンは12年ぶりに5位以下の優勝が2回あり、上位陣盤石の体制が崩れる予兆を

データ1－12　2001年以降のグランドスラムにおいてATPランキング5位以下の選手が優勝した大会

年	大会	優勝者	ランキング
2001	全豪	アンドレ・アガシ	6位
2001	ウィンブルドン	ゴラン・イワニセビッチ	16位
2002	全豪	トーマス・ヨハンソン	10位
2002	全仏	アルベルト・コスタ	22位
2002	全米	ピート・サンプラス	17位
2003	ウィンブルドン	ロジャー・フェデラー	5位
2004	全仏	ガストン・ガウディオ	44位
2005	全仏	ラファエル・ナダル	5位
2009	全米	フアン・マルティン・デル・ポトロ	6位
2014	全豪	スタニスラス・ワウリンカ	8位
2014	全米	マリン・チリッチ	16位

見せている。それを踏まえると現在5位の錦織もこのポジションで十分にタイトルを狙えるチャンスはある。

全仏はナダルが優勝するまでは、番狂わせが起きやすい大会として有名で、95年から04年までの10年間では5位以下の優勝が8回となっていた。ただ、クレーコートでの試合に絶対的な自信をもつナダルの牙城を崩すのは相当困難であろう。実際、錦織はこれまでナダルと7回対戦があるのだが、0勝7敗とまったく勝てていない。

またウィンブルドンは、95年から14年までの20年間で5位以下の優勝が3回で、ランキング1位の選手の優勝が9回ともっとも番狂わせが起きにくい大会となっている。

これらを踏まえると、最初のグランドスラ

ムタイトル獲得のチャンスが大きいのは、やはり前回準優勝だった全米オープンということになるだろう。

とにかく15年の全豪オープンでは、ランキング通り、順当にベスト8に進出した錦織。次のステップは「あ、また錦織が決勝に出てる」と思わせるくらいの活躍を見せてくれることだ。

コラム　さらなる躍進は「効果率」向上にあり!?——全日本女子バレー

全日本女子チームのデータ戦略

２０１２年ロンドン・オリンピック。全日本女子チームの試合のコートサイドに立つ眞鍋政義監督の左手にはｉＰａｄが。そんな光景をテレビでご覧になった方も多いだろう。ロサンゼルス・オリンピック以来、28年ぶりに為し得たメダル獲得の快挙は、このｉＰａｄに蓄積されたデータの一助があったからだといっても過言ではない。データ分析を行うチーム専属アナリスト渡辺啓太氏の著書『なぜ全日本女子バレーは世界と互角に戦えるのか』（東邦出版）では、分析したデータをいかにわかりやすく監督や選手に伝えるかの工夫について述べられている。

そのなかで最初に例として挙げているのは、スパイクの「決定率」と「効果率」の違いについてだという。決定率とは打ったスパイクの本数に対する得点となった本数の割合のことである。これはよくテレビの中継でも紹介されることがあるので、ご存じだろう。しかし10本中5本決めても、残りの5本がスパイクミスだったり、相手のブロックにかかったりすれば、それは現在のラリーポイント制におけるゲームでは即失点につながるプレーとなり、プラスマイナスゼロとなる。そこで、現在チームや選手のスパイク評価は決定率よりも、決定数から失点数を引き、それをスパイクの総本数で除した「効果率」が用いられているという。銅メダルを獲得したロンドン・オリンピックでのデータを見ると、日本のスパイクの効果率は27%で決勝トーナメント進出8カ国中6位の成績である（データ①）。また選手個人のデータを見ると、全日本最多得点を挙げた木村沙織の25・7%よりも、江畑幸子《ゆきこ》が30・8%で効果率という観点では上回っていた（データ②）。効果率をトップレベルまで引き上げることが、もっと輝きのあるメダル獲得への良策といえよう。

ただ、効果的なスパイクを打つためには、ブロックをはずす絶妙なトスアップが必要であるし、サーブレシーブをしっかりセッターに返さなければ、よいトスアップの確率も下がってくるだろう。サーブレシーブをセッターに送るプレーを「レセプション」といい、公式に記録されている。セッター

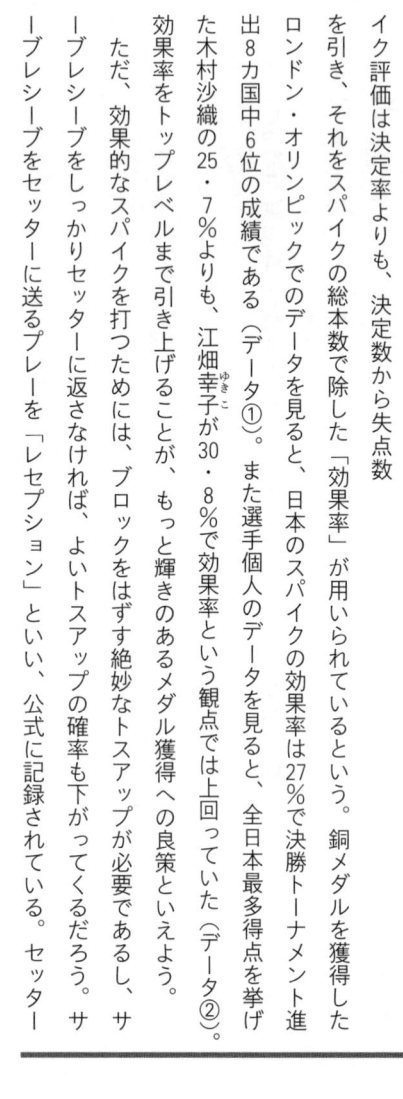

データ①　2012年ロンドン・オリンピックでの各チームのスパイクデータ

順位	チーム	得点	ミス	総本数	決定率（%）	効果率（%）
金	ブラジル	459	126	1055	43.51	31.56
銀	USA	406	98	909	44.66	33.88
銅	日本	434	142	1076	40.33	27.14
4位	韓国	426	148	1038	41.04	26.78
5位	イタリア	331	90	774	42.76	31.14
	中国	377	128	907	41.57	27.45
	ロシア	350	98	747	46.85	33.73
	ドミニカ	286	113	726	39.39	23.83

データ②　2012年ロンドン・オリンピックでの個人のスパイクデータ

選手名	チーム	スパイク	ミス	総本数	決定率（%）	効果率（%）
フッカー	USA	136	26	290	46.90	37.93
ジョーリ	イタリア	65	14	135	48.15	37.78
キム・ヨンギョン	韓国	185	47	388	47.68	35.57
ゴンチャロワ	ロシア	105	28	225	46.67	34.22
ガモワ	ロシア	99	23	230	43.04	33.04
カルバリョ	ブラジル	80	19	189	42.33	32.28
リベラ	ドミニカ	60	16	140	42.86	31.43
江畑幸子	日本	88	23	211	41.71	30.81
デルコーレ	イタリア	63	18	150	42.00	30.00
ラーソン	USA	68	17	175	38.86	29.14
カストロ	ブラジル	121	37	296	40.88	28.38
木村沙織	日本	133	46	339	39.23	25.66

の定位置から半径1・5m以内に返されたレセプションは「エクセレント」と記録され、全レセプション中のエクセレントの割合をレセプション率という。またエクセレントからミスを引き、全レセプションで除した値をレセプション効果率という。テレビではあまり紹介されないデータだが、現場ではこの指標がとても重要であるという。眞鍋監督曰く「我々の分析では、エクセレントレセプションにおけるスパイク決定率は世界2位である。であれば、レシーブをきちんとセッターに返す技術を伸ばせば世界のトップに近づけるはずだ」と。ロンドン・オリンピックでの全日本女子チームのレセプション効果率は8カ国中3位と銅メダルに相当する数字を残している（データ③）。

銅メダルマッチにおけるレセプション効果率は、対戦相手の韓国が57%に対し、日本が65%と上回っている。またフルセットの激闘となった準々決勝の中国戦でも、

データ③　2012年ロンドン・オリンピックでの各チームのレセプションデータ

順位	チーム	エクセレント	ミス	総本数	決定率（%）	効果率（%）
金	ブラジル	469	15	616	76.14	73.70
銀	USA	350	19	497	70.42	66.60
銅	日本	385	19	542	71.03	67.53
4位	韓国	398	31	603	66.00	60.86
5位	イタリア	314	20	416	75.48	70.67
	中国	373	25	533	69.98	65.29
	ロシア	308	29	429	71.79	65.03
	ドミニカ	271	12	451	60.09	57.43

中国69％、日本75％であり、新鍋《しんなべ》理沙は80％という高い効果率で勝利に貢献。またレシーブが苦手とされていた木村沙織もこの試合では39本のレシーブをミスなく処理し75％のレセプション効果率を記録している（データ④）。

13年に開催されたワールドグランプリシリーズに、火の鳥NIPPONは生え変わった羽毛を携えて参戦した。スパイカーには木村、江畑、新鍋の3本柱に加え、12／13Vプレミアリーグのの MVPで大林素子以来の大型レフティ長岡望悠《みゆ》、そして石井優希の久光製薬コンビが加入。ミドルブロッカーは荒木絵里香、大友愛から、岩坂名奈、大竹里歩へ。そしてキャプテンとしてチームを牽引してきたセッター竹下佳江の後継者として、眞鍋監督は岡山シーガルズのセッター、宮下遥を指名した。選出当時はまだ19歳であった。

代表デビュー前日の記者会見で「セッターが変わったから日本が弱くなったと言われるのがこわい……」と涙ながらに語った宮下だったが、それほど宮下にとっても、そして全日本にとっても竹下という存在は大きいものだった。

竹下は1997年に代表初選出されたが、00年シドニー・オ

データ④　日本対中国のスコアと各データ

日本		中国
3	28-26	2
	23-25	
	25-23	
	23-25	
	18-16	
75.45	レセプション効果率（％）	69.44
32.80	スパイク効果率（％）	31.22

リンピックの出場権を逃したことに責任を感じ、いったんはバレーボールから身を引いた。しかし03年に代表復帰し、その後06年の世界選手権でMVPを獲得するなど、獅子奮迅の活躍で全日本女子チームを牽引することになる。159cmという日本人女性の平均ほどではあるが、バレー選手としては小さい部類の身長ながら、世界大会におけるベストセッター賞を7度も受賞している。「世界最小最強セッター」というキャッチフレーズのゆえんである。その根拠となるデータが「1セットあたりの、ブロックがつかなかったトスアップの平均本数（Running sets）」である。竹下は06年以降のほぼすべての世界大会で9以上を記録し、セッターランキング上位の常連であった。ロンドン・オリンピックでは11・82でランキング3位である（データ⑤）。小さい体で迅速に回り込み、効果的なトスを上げてきたプレーが数字として如実に表れている。

竹下の後継となった宮下の13年のワールドグランプリシ

データ⑤　竹下佳江のセッター記録

年	大会	1セット平均 Running sets	セッターランキング
2006	世界選手権	10.63	1位
2007	ワールドカップ	9.48	2位
2008	北京五輪	6.10	3位
2009	ワールドグランド チャンピオンズカップ	13.53	1位
2010	世界選手権	9.20	2位
2011	ワールドカップ	10.11	1位
2012	ロンドン五輪	11.82	3位

リーズにおけるデータを見ると、予選ラウンドでは、33％というチームのレセプション効果率の低さもあってか、平均4・82で全体の10位とふるわなかったが、8月に札幌で行われたファイナルラウンドではレセプション効果率も50％と上昇し、平均6・47でセッターランキング3位となった。セッターとしての経験はまだこれから積んでいくことになるだろうが、176cmという身長から繰り出されるツーアタックや、ブロック参加でプレーのバリエーションは増えてくるはずだ。

日本の新戦術「ハイブリッド6」

日本のセッターは世界でも有数のレベルにあり、アタッカーも木村や江畑は数字の上では世界のトップレベルに位置することがわかった。しかしブロックは日本の弱点であることも判明した。

ロンドン・オリンピックでは、決勝トーナメント進出8

データ⑥　2012年ロンドン・オリンピックでの各チームのブロックデータ

順位	チーム	セット	BP	総本数	決定率（%）	1セットあたりのBP
金	ブラジル	32	90	523	17.21	2.81
銀	USA	27	86	461	18.66	3.19
銅	日本	28	41	353	11.61	**1.46**
4位	韓国	31	68	385	17.66	2.19
5位	イタリア	23	59	311	18.97	2.57
	中国	26	67	339	19.76	2.58
	ロシア	24	74	398	18.59	3.08
	ドミニカ	20	48	251	19.12	2.40

BP：ブロックポイント

チームの中でも飛び抜けて低い数値となっている（データ⑥）。

13年から代表入りしたミドルブロッカーでは、岩坂が数字を残していたが、やはり世界のレベルからするとチームのブロックに進化は見られない。リオデジャネイロ・オリンピックに向けてその点をどのように改善するのかに注目を寄せていた14年シーズン、眞鍋監督は驚きの戦術を披露した。通常6人中、2人配置するミドルブロッカーを大胆にもすべて外した布陣を考案したのである。「ハイブリッド6」と名づけられたこの新戦術は、日本のミドルブロッカーの攻撃力が弱いというデータ解析から生み出された賜物といえよう。ハイブリッドとは「掛け合わせる、組み合わせる」という意味で、1人の選手に対して流動的に複数のポジションをこなすことを要求する戦術である。また、日本には、木村、江畑、迫田さおり、新鍋、長岡とアタッカーが豊富で、彼女たちを同時に起用することが可能となる。さらには宮下がブロック参加に対応できるということも、この戦術をサポートしている。

この「ハイブリッド6」で挑んだ14年のワールドグランプリシリーズの決勝ラウンド、予選ラウンドを勝ち上がってきた強豪に対して、日本は堂々と渡り合う。6チーム総当たりのリーグ戦で行われるこの大会で、初戦から4連勝を飾り、首位で最終日を迎える。最終戦はロンドン・オリンピック金メダル、当時世界ランク1位のブラジル。1セットでもとればセット率で優勝を確定させることができたのだが、ブラジルの高い壁にスパイクは弾かれ、結局0－3のストレートで後塵を拝する。しかし、国際大会で33年ぶりの準優勝を飾る。

この戦術がこのあとどこまでの進化を遂げ、ディフェンディング・チャンピオンの地元、リオでのオリンピックでさらに輝くメダルの獲得を果たすのか。

それをサポートするデータ解析が進化することで、それへの推進力は増すことだろう。

※データは国際バレーボール連盟（ＦＩＶＢ）が運営するVolleyball Information System（ＶＩＳ）から引用。

第2章　卓球——若い力で王国の復活をめざせ

卓球王国ニッポンと温泉の関係

温泉でさっぱりしたあと、遊技場にある卓球に興じていたら、温泉に入る前以上に汗をかいて、そのまま風呂場へ逆戻りという経験のある方も多いのではないだろうか。日本における温泉場と卓球との深い絆の源は、1950年代にさかのぼる。40年代はハンガリーをはじめとする東欧勢が優勢だった卓球界において、52年世界選手権の男子シングルスで佐藤博治が優勝、ほかにも男女ダブルス、女子団体とあわせて4種目を制覇したのをきっかけに日本が台頭してきた。これが「卓球王国ニッポン」の起源であり、一

データ 2－1　1947～79 年の世界卓球選手権団体戦の優勝国と個人戦の日本人優勝者（57 年まで毎年開催、59 年から隔年開催）

年	男子団体	女子団体	日本個人戦優勝
1947	チェコスロバキア	イングランド	
1948	チェコスロバキア	イングランド	
1949	ハンガリー	アメリカ	
1950	チェコスロバキア	ルーマニア	
1951	チェコスロバキア	ルーマニア	
1952	ハンガリー	日本	佐藤博治
1953	イングランド	ルーマニア	
1954	日本	日本	荻村伊智朗
1955	日本	ルーマニア	田中利明
1956	日本	ルーマニア	荻村伊智朗 大川とみ
1957	日本	日本	田中利明 江口冨士枝
1959	日本	日本	松崎キミ代
1961	中国	日本	
1963	中国	日本	松崎キミ代
1965	中国	中国	深津尚子
1967	日本	日本	長谷川信彦 森沢幸子
1969	日本	ソ連	伊藤繁雄 小和田敏子
1971	中国	日本	
1973	スウェーデン	韓国	
1975	中国	中国	
1977	中国	中国	河野満
1979	ハンガリー	中国	小野誠治

大ブームを巻き起こす。これを皮切りに男女シングルスで16回、男女ダブルスで計8回の優勝を飾り、団体戦では男子が54年からの5連覇を含む7回、女子が57年からの4連覇を含む8回の優勝を誇っている（データ2－1）。

また50年代は高度成長期と相まって温泉開発ブームも起こり、日本各地に温泉施設が建設された。そういった旅館街にはレジャー施設として射的やスマートボールが設置された遊技場が多く見られたが、そのような設備を旅館の中に導入するには、場所をとりすぎる。そのとき、世間でブームとなっており、設営も簡単で、収納にも便利ということで、多くの温泉施設の遊技場に卓球台が置かれるようになったという。

温泉場での卓球という手軽さ、さらにはプレー中の移動距離の少なさから、老若男女に親しまれているスポーツというイメージはある。実際、日本における競技実施人口は約900万人との調査もある。じつは、卓球での消費カロリーは女性の場合1時間あたり約300キロカロリーで、これはエアロビクスよりも多い。また球速は平均120㎞に及ぶこともあり、274㎝の卓球台を0・08秒で通過することになる。陸上や水泳でのフライングを判定するための反応速度の設定が0・1秒なのだが、その刹那よりも早くボールに対処しなければならない。そのためには俊敏なステップワークと卓越した動体視力が必要となり、想像以上に運動量の多い過酷な競技なのである。卓球は温泉上がりではなく、入る前に行うべきである（それはどのスポーツにもいえることだが)。

日本の衰退、中国の台頭

53年に世界選手権初出場を果たした中国は、56年の東京大会で躍進するのだが、この大会で目の当たりにした全盛期の日本チームのサービスやスマッシュなどの技術を徹底的に研究し、「打倒ニッポン」を旗印に技術追求を行うのである。その方法として、日本選手の映像を解析し、「日本モデル」の選手をつくり上げ、弱点を徹底的に攻めるスピード卓球を完成させた。59年には男子シングルスで容国団が優勝、61年には男子団体で初優勝を飾り、そこから3連覇を果たす。さらに65年には女子団体も初優勝、男子シングルス、男女ダブルスとあわせ5冠を達成し、卓球王国の名は中国に冠されるようになっていった。

66年に勃発した文化大革命の影響で、中国は67年、69年の世界選手権をはじめ、すべての国際大会に参加できなかったのだが、71年に名古屋で行われた世界選手権において、当時の日本卓球協会会長であった後藤鉀二《こうじ》氏の尽力により、中国が6年ぶりに世界の舞台に立つことができた。この大会では女子シングルス、女子ダブルス、混合ダブルス、男子団体の四つのタイトルを獲得し、卓球王国が築いた技術に衰えがなかったことを実証した。なお、この大会をきっかけとして、不仲となっていた中国政府とアメリカ政府が急接近、72年の日中国交正常化へとつながった。これがいわゆる「ピンポン外交」と呼ばれるものである。（参考文献：安田憲二、前田和宏『卓球人生！指導者の魂—部活指導としての神髄』）

75年以降は、男女ともに中国が覇権を握ったため、日本は79年の男子シングルスの小野誠治を最後に、優勝を手にしていない。とくに女子における中国の覇権は揺るぎないものになっており、80年代に行われた世界選手権では、女子シングルス、ダブルス、団体はすべて制覇。さらには81年から87年までの女子シングルスで表彰台を独占するほどの勢いであった。また88年から卓球はオリンピックの正式競技となっているが、女子シングルスの金メダリストのすべてと、メダリスト22人のうちの15人が中国籍の選手である。そうなると、数多いる中国の有力選手が国内予選を通過するのにも難儀な状態となり、世界大会出場のためにさまざまな国へ帰化している状況である。

2015年4月現在の国際卓球連盟（ＩＴＴＦ）女子シングルスランキングにおいて、トップ10に6人中国籍の選手がいるのだが、4位のシンガポール籍の選手と、8位のドイツ籍の選手は中国からの帰化選手である。つまり10人中8人が中国人で占められているのである。

卓球に大変革をもたらしたルール改正

先述のように卓球がオリンピックの正式競技となったのは88年。歴史のある競技にしては最近採用された感がある。もともと卓球選手のプロ化が進んでおり、アマチュアリズムを重視していたオリンピックの精神と相反する立場をとっていたからだが、オリンピックの商業化の波が競技人口の多い卓球に届いた形となった。

ただ採用された当時、卓球はテレビでの放映時間が短い部類に入っていた。テニス同様強い競技者が勝ちやすく番狂わせが起きにくいということ以上に、当時はラリーが続かずプレーがあっけないという印象をもたらしていた。

そんななか、バルセロナ・オリンピックである調査が行われた。それは観客がどのようなプレーで大きな歓声をあげるかというものである。その結果、7、8回のラリーが続いたあと、鮮やかなスマッシュが決まったときという統計が出た。しかし当時の卓球は、サーブを含めて平均3〜4回、時間にして平均3〜4秒というラリーで、観客やテレビの視聴者にはあまりにも短く感じられる。また技術だけでなく用具の進化も相まってボールのスピードが上昇し、余計にラリーが続かない状況となっていた。

そこで、当時国際卓球連盟の会長であった荻村伊智朗がさまざまな改革を断行した。まずはテレビで映えるように青い卓球台の導入、カラーボールの採用、カラフルなシャツの解禁などを行った。またラリーを長続きさせるラージボールの創設、さらには1ゲーム21点制の3ゲームマッチから11点制5ゲームマッチへの変更を試験的に導入した。

データ 2－2　ポイント獲得比率の変化による卓球の勝率

選手のポイント獲得比率 p	ゲーム獲得率	卓球の勝利確率（現行 11 点制）	21 点制での勝利確率
0.6	0.836	0.983	0.993
0.55	0.687	0.856	0.892
0.51	0.539	0.584	0.597

※この計算には、1 ゲームの試合が 10 分以上になったときに採用される「促進ルール（レシーブ側が 13 回リターンを成功させればポイント取得）」を考慮に入れていない。

理論的に見ると、11点制にすることで、わずかながらではあるが、番狂わせが起きやすく、観戦する側からすればエキサイティングな試合展開が期待できるようになる（データ2－2）。

また荻村のあとを継いだアダム・シャララによって、00年、直径38㎜から40㎜のボールへ、翌年に21点制から11点制に正式に変更となった。また02年には、サーブ時にボールを隠す行為が禁止となっている。

ボールが2㎜大きくなったことによるスピードの変化はさほどではないにせよ、ボールが見やすくなるという効果は、守る側にとって大きな影響を与え、さらにはボールにスピンがかけづらいため、ラリーが続くようになった。

このルール変更がもたらしたと思われる事例をひとつ挙げてみよう。

00年前後の卓球界での話題で覚えているのが、伊藤和子の挑戦である。60年代の卓球王国を支えていた選手の一人であり、60年の日本選手権で、女子シングルス、女子ダブルス、混合ダブルスの3冠を達成。世界選手権にも6回出場し、女子ダブルス、混合ダルブスで優勝、3回の団体優勝にも貢献したレジェンドである。その伊藤は日本選手権でのシングルス100勝を目標に掲げ、挑戦を続けた結果、96年の日本選手権までに98の勝ち星を重ねる。御歳61歳。しかし97年から00年までは初戦敗退が続き、もはやこれまでかと思われた01年に99勝、そして翌02年の初戦、孫ほど歳の離れた高校生選手を相手に前人未到のシングルス100勝を67歳で達成した(この記録はギネスブックにも登録されたとのこと)。

これもルール改正による効果ではないかと推測する。

天才卓球少女の出現相次ぐ

そんな折、日本卓球界に「天才卓球少女」が彗星のごとくあらわれた。「泣き虫愛ちゃん」こと福原愛である。3歳で初めてラケットを握った少女は5歳で全日本卓球選手権バンビ(8歳以下)の部優勝、8歳でカデット(13歳以下)の部優勝を果たし、その後プロに転向、99年に行われた一般の部で、女子シングルスの当時の最年少勝利記録11歳1カ月を樹立した。こうした福原の活躍がマスメディアを通じて大きく報じられたことに呼応するかのように、日本は世界復権に向けて動き始めていた。01年に大阪で行われた世界選手権では女子団体が18年ぶりの表彰台となる3位となり、女子ダブルスでは武田明子、川越真由ペアが日本人ペアとして26年

データ2－3　2015年4月時点の世界ランキング

男子ランキング		年齢	
1	馬　龍	27	中　国
2	許　昕	25	中　国
3	張　継科	27	中　国
4	樊　振東	18	中　国
5	水谷　隼	26	日　本
6	オフチャロフ	27	ドイツ
7	ボル	34	ドイツ
8	フレイタス	27	ポルトガル
9	サムソノフ	39	ベラルーシ
10	荘　智淵	34	タイペイ
11	閻　安	22	中　国
12	丹羽孝希	21	日　本

女子ランキング		年齢	
1	丁　寧	25	中　国
2	李　暁霞	27	中　国
3	劉　詩雯	24	中　国
4	馮　天薇	29	シンガポール
5	石川佳純	22	日　本
6	朱　雨玲	20	中　国
7	武　楊	23	中　国
8	福原　愛	27	日　本
9	ハン・イン	32	ドイツ
10	陳　夢	21	中　国
11	徐　孝元	28	韓　国
12	リュウ・ジャ	33	オーストリア

ぶりの3位に入ったのである。

中学生になった福原は、世界のプロツアーを転戦するようになり、着実に力を着けていった。そして03年、14歳で世界選手権の代表に選ばれ、ついに卓球ニッポンチームの一員となるまでに成長していった。福原は、女子シングルスで日本人最高のベスト8に進出。その翌年、念願のアテネ・オリンピックの出場を果たす。

この福原の活躍に触発されてか、卓球の英才教育を受けるジュニア世代が増加していった。そのなかから頭角を表したのは、福原の4歳年下である石川佳純である。「愛ちゃん2世」と呼ばれた石川だが、11年の全日本選手権女子シングルスでは、準決勝で福原を4－1で下し、続く決勝も藤井寛子を4－0のストレートで完勝。17歳で、福原よりも先に全日本チャンピオンに輝いたのである。

その後2人は、全日本5回制覇の平野早矢香とともに出場した12年ロンドン・オリンピックの女子団体において、日本卓球界初となるオリンピック銀メダルを獲得した。

15年4月現在、ITTFのランキングで石川が5位、福原が8位、男子でも水谷隼が5位、丹羽孝希が12位と上位につけている（データ2－3）。しかし前述のとおり、中国勢の層は厚く、この牙城を崩すためにもまだ若い彼らのさらなる飛躍に期待したいところである。

データ2－4　全日本卓球選手権シングルス（一般の部）における小学生勝利のデータ

	選手名	開催年	達成時年齢
女子	福原　愛	1999	11歳1ヵ月（小5）
	石川佳純	2005	11歳10ヵ月（小6）
	前田美優	2008	11歳6ヵ月（小5）
	森田彩音	2010	12歳4ヵ月（小6）
	平野美宇	2011	10歳9ヵ月（小4）
	伊藤美誠	2011	10歳2ヵ月（小4）
	加藤美優	2011	10歳2ヵ月（小5）
男子	出雲卓斗	2012	12歳4ヵ月（小6）

卓球ニッポンの復権を担う次世代のスターたち

14年3月30日に行われたドイツ・オープンの女子ダブルスで平野美宇《みう》と伊藤美誠《みま》の13歳コンビ（当時）が優勝し、ワールドツアー史上最年少優勝を果たした。とくに伊藤は、13歳160日での優勝を果たし、個人でも最年少記録となった。翌週のスペイン・オープンでも連続優勝を果たす。

続くチリ・オープンでは、男子シングルスで三部《さんべ》航平が優勝。16歳284日での優勝は男子世界ツアー最年少記録である。さらに女子シングルスでは、前田美優（当時17歳）、早田ひな（当時13歳）、牛嶋星羅《せいら》（当時16歳）、松平志穂（当時18歳）がベスト4を独占するなど、日本の10代選手が世界を席巻し始めている（なおチリ・オープンは前田が優勝、早田が準優勝であった）。

福原、石川以降、小学生が一般の部に参加し、勝利を挙げている例が頻繁に起きている。とくに平野、伊藤は10歳、小学4年生の時点で勝利を摑んでいる（データ2-4）。若いうちからプロ宣言をし、世界の舞台で活躍する環境を与えられ、そこで実績を残している様子が伺える。

じつは、男女とも若い世代の世界ランキングは、日本人選手が占拠しているのである。15歳

データ2-5　2015年4月U-15世界ランキングトップ20の日本人選手

ランク	選手名	ランク	選手名
3	張本智知	1	伊藤美誠
6	田中佑汰	2	平野美宇
7	宇田幸矢	3	早田ひな
10	金光宏暢	7	木原美悠
15	加山　裕	11	青木千佳
17	浅津碧利	14	長崎美柚

データ2-6　2015年4月U-18世界ランキングトップ20の日本人選手

ランク	選手名	ランク	選手名
4	三部航平	1	伊藤美誠
11	坪井勇磨	2	平野美宇
12	及川瑞基	5	佐藤　瞳
14	龍崎東寅	6	早田ひな
15	緒方遼太郎	7	加藤美優
18	木造勇人	8	浜本由惟
		14	森田彩音
		16	石川梨良

以下のランキングではトップ20のうち、男子が6人、女子が6人名を連ねている。これは中国の計3人を上回る一大勢力となっている（データ2－5）。

また18歳以下のランキングでは、20位以内に男子が6人、女子が8人と約3分の1が日本人選手である（データ2－6）。一般のランキングでも15位にランクされている15歳の伊藤は、東京オリンピックが開催される20年の時点でもまだ19歳。

若い力がこのまま成長を続けることで、「卓球王国ニッポン」が再建され、今後各地の温泉施設で卓球に興じる姿が再増殖することだろうし、さらなる底辺拡大にもつながることだろう。

コラム　水泳は若い選手が有利？

平泳ぎで強さを見せる日本人選手

「トビウオジャパン」こと競泳日本代表は戦前より世界を席巻していた。1928年のアムステルダム・オリンピックで日本初の競泳金メダルの鶴田義行、36年のベルリン大会では「前畑ガンバレ」でおなじみの前畑秀子と葉室鉄夫、56年メルボルン大会の古川勝、72年ミュンヘン大会では田口信教、92年バルセロナ大会の岩崎恭子。

さてここに挙げた選手の共通点、おわかりだろうか。じつはすべて平泳ぎの金メダリストである。

しかも田口以外は200mでの金メダルである（田口は100mで金、同大会の200mで銅メダル）。後述する北島康介の四つを含め平泳ぎでの金メダル11個は、ほかの泳法を凌駕する。四つの泳法のうちもっとも技術を要する平泳ぎは、日本が世界と対等に戦える泳法として注力してきた競技といえよう。なお鶴田、前畑、古川、田口、北島は世界記録ホルダーでもある。

「競泳ニッポン」の幕開けは鶴田、前畑が活躍した20年代から30年代にかけてである。戦前のオリンピック3大会で競泳陣は、金10、銀8、銅8という大活躍。平泳ぎだけでなく、自由形や背泳ぎでも金メダルを獲得している。

戦後も52年ヘルシンキ大会から64年の東京大会まで4大会連続、さらには72年のミュンヘン大会でもメダルを獲得するという強豪ぶりを発揮する。その起爆剤となったのは48年のロンドン・オリンピックには出場できなかったものの、同時期に自由形中長距離で世界新記録を連発し「フジヤマのトビウオ」と賞賛された古橋廣之進の活躍だろう。この時代はどの競技でも選手層が厚く、平泳ぎだけでなく、ほかの泳法でも記録を残している。59年には山中毅が200m自由形で、田中聰子が200m背泳ぎで、100mバタフライでは57年に石本隆、72年に青木まゆみが世界記録を樹立している。

水泳は「早熟型」の競技か？

しかし70年代後半から80年代は、日本の競泳が世界と大きく水をあけられる事態となる。私は川で泳ぎを覚えてから水泳に興味をもつようになり、この時期の競泳の記録集を見ていたのだが（当時からデータには興味津々な少年であった）、日本記録保持者の年齢がとても若かったと記憶している。78年平泳ぎで高橋繁浩は17歳、80年100m自由形で簗瀬かおりは12歳、81年100m平泳ぎで長崎宏子は13歳、83年200m自由形で緒方茂生は14歳で日本記録を樹立している。そのためか、この時期は水泳が「早熟型」の競技と捉えられ、日本代表の選手構成もほとんどが10代の選手であった。

とくに女子選手に関してはその傾向が顕著で、アトランタ・オリンピックまでは10代の選手の比率が高く、14歳の岩崎恭子が金メダルを獲得したバルセロナ・オリンピックでは女子選手全員が10代で構成されていた。歴史的に見ても80年以前の日本記録は20歳前後で樹立されており、それ以上競技を続けても記録が伸びないとされていたようだ。

しかし、ソウル・オリンピックにおいて高橋が27歳で自身のもつ200m平泳ぎの日本記録を更新したり、バルセロナでは緒方が24歳で400m自由形の代表に選ばれたりするなど、20歳を過ぎても記録が伸ばせることが徐々に実証されるようになる。さらには女子選手でも20歳を超えて記録を更新する選手が表れた。91年に16歳で自由形の日本記録を樹立した千葉すずは、アトランタ・オリンピックに出場した21歳まで日本記録を更新し続け、一時は競技を離れたものの、復帰後の99年に出場した日本選手権で１００ｍ、２００ｍ自由形の日本記録を更新し優勝。翌年にはオリンピックA標準記録を上回る記録で日本選手権優勝を飾る（データ①）。このとき千葉は24歳であった。

　この千葉の活躍に刺激を受けたのか、00年のシドニー・オリンピックでは、代表21人中17人が大学生（院を含む）か社会人という構成で、とくに女子は12人中7人が20歳以上であった（データ②）。この大会では、背泳ぎで中村真衣と中尾美樹、個人メドレーで田島寧《やす》子《こ》といった女子大生スイマーが活躍し、ミュンヘン以来28年ぶりに複数個のメダル獲得となった。

　なおこの大会で17歳の男子高校生が１００ｍ平泳ぎの日本記録を引っさげて出場し、4位入賞を果たしている。北島康介のオリンピックデビューである。北島は着実に記録を伸ばし、02年に自身の記録を1秒24も更新する2分9秒97という世界新記録を樹立する。こ

データ①　千葉すずの記録の変遷

自由形	100 m		世界ランキング	200 m		世界ランキング
1991	56.41	日本記録	15 位	2.00.51	日本記録	7 位
1992	56.32	日本記録	14 位	2.00.64		11 位
1993	55.56	日本記録	8 位	1.59.56	日本記録	8 位
1994	55.87		11 位	2.00.23		9 位
1995	56.45		12 位	2.00.00		5 位
1996	55.57		9 位	1.59.48	日本記録	4 位
	—		—	—		—
1999	54.99	日本記録	3 位	1.58.78	日本記録	2 位
2000	56.28		—	2.00.54		—

れは92年にマイク・バローマン（米）が更新して以来10年ぶりの新記録更新となった。20歳での記録達成である。その後も世界の強豪と切瑳琢磨し、北京オリンピックの前哨戦となるジャパンオープンでは、２００ｍで２分７秒51の世界新記録を打ち立てる。このとき25歳。そしてその２カ月後１００ｍ、２００ｍ平泳ぎでオリンピック連覇という偉業を成し遂げる。さらには29歳でロンドン・オリンピックも出場するのだが、この選考会において、２００ｍで２分８秒00という、高速水着着用が禁止になって以降の世界最速記録（当時）を樹立するという進化ぶりを発揮した（データ③）。30歳を迎えた

データ②　オリンピック競泳日本代表選手の年齢構成

	2012 ロンドン		2008 北京		2004 アテネ		2000 シドニー		1996 アトランタ		1992 バルセロナ		1988 ソウル	
年齢	男子	女子	男子	女子	男子	女子	男子	女子	男子	女子	男子	女子	男子	女子
～14										1		3		2
15～19	2	5	1	3	1	2	5	5	3	9	5	10	6	6
20～24	7	6	13	7	7	5	2	6	8	4	7		5	3
25～	5	4	2	5	1	3	2	1	2				1	
小計	14	15	16	15	9	10	9	12	13	14	12	13	12	11
計	29		31		19		21		27		25		23	
金			2		2	1						1	1	
銀	2	1			1			2						
銅	4	4	2	1	2	2		1						
	11		5		8		3		0		1		1	

北島は13年4月に行われた日本選手権において、現200m平泳ぎ世界記録保持者の山口観弘《あきひろ》に100m種目で勝利し、優勝を果たした。この大会では28歳の寺川綾も50m背泳ぎで日本記録を更新し、100mも含めて背泳ぎ2冠を達成するなど、アラサーでも第一線で活躍できる選手が増加してきた。ロンドン・オリンピックでは25歳以上の選手の出場が9人となった。

厚みを増すトビウオジャパンの選手層

このように30歳近くまで競技生活を続けられるようになった背景には、01年に国立スポーツ科学センターが設立され、年齢や能力に応じた科学的トレーニングと故障防止の工夫がなされたことや、日本水泳連盟

データ③　北島康介の記録の変遷

年	100 m		世界ランキング	200 m		世界ランキング
2002	1.00.36		1位	2.09.97	世界記録	1位
2003	59.78	世界記録	1位	2.09.42	世界記録	1位
2004	1.00.03		3位	2.09.44		2位
2005	59.53	日本記録	2位	—		—
2006	1.00.87		11位	2.10.61		3位
2007	59.96		2位	2.09.80		1位
2008	58.91	世界記録	1位	2.07.51	世界記録	1位
2009	—		—	—		—
2010	59.04		1位	2.08.36		1位
2011	59.44		3位	2.08.63		3位
2012	58.90	日本記録	2位	2.08.00		4位
2013	1.00.69		15位			

だけでなく、企業サポートの充実も挙げられる。結果として、選手寿命の延長と能力の向上が顕著となり、北島らにもその成果が表れているのではないだろうか。

選手寿命が延びる一方、1歳未満からスイミングスクールに通えるこの時代、若手の台頭も著しい。前述の山口は12年に18歳という若さで200m平泳ぎの世界新記録を樹立（データ④）。ロンドン・オリンピック200m平泳ぎ銅メダリストの立石諒とともに、ポスト北島として並び称されることとなった。

さらに17歳で出場したロンドン・オリンピックで男子400m個人メドレー銅メダルを獲得し、翌年4月の日本選手権では200mと400mの個人メドレー、200mと400mの自由形、100mの背泳ぎの5種目制覇を成し遂げた萩野公介は、今や日本のエースと呼ばれる存在にまで成長した。世界ランクも13年、14年と2年に渡って200mと400mの個人メドレーで1位となっている。また200mの自由形でも2位、400mで5位、100m背泳ぎで4位、200mで2位とマルチな

データ④　200 m 平泳ぎ世界記録の変遷

世界記録		年齢	記録
1992	M. バローマン（米）	23	2.10.16
2002	北島康介	20	2.09.97
2003	D. コモルニコフ	22	2.09.52
2003	北島康介	20	2.09.42
2004	B. ハンセン（米）	22	2.09.04
2006	B. ハンセン	24	2.08.50
2008	北島康介	25	2.07.51
2009	C. スプレンジャー（豪）	23	2.07.31
2012	G. ダニエル（ハンガリー）	22	2.07.28
2012	山口観弘	18	2.07.01

活躍も見せている。

ただマルチな活躍をひとつの大会でしようと思うと、スケジュールがかなりハードなものとなる。ここで14年9月に韓国で行われたアジア大会を例にスケジュールを紹介しよう。

競泳日程は全体で6日あったが、萩野は1日目からいきなり午前中に200m自由形と100m背泳ぎの予選に挑み難なく通過した。なお、ふたつのレースのインターバルは35分しかなかった。ただ本人は「(インターバルが)ちょっと長く感じた」と余裕のコメント。午後から2種目の決勝が行われ、この日だけで計4本を泳ぐ。結果は自由形が優勝、背泳ぎは3位であった。2日目は男子200m個人メドレーの予選と決勝、さらには4×200mフリーリレーに参加と3本泳ぎ、結果はいずれも優勝。3日目は400m自由形の予選と決勝に挑み、結果は2位、4日目は400m個人メドレーの予選と決勝でこちらは貫禄の優勝。5日目は最終エントリーの200m背泳ぎの予選と決勝の2本。つまり5日間で13本、計3・2kmを泳いだ計算となる。しかも7種目で金4、銀2、銅1とすべての種目でメダルを獲得する快挙を成し遂げ、アジア大会のMVPにも選出された(本当は6日目のメドレーリレーにもエントリーはされていたようだが、さすがに回避されている)。

萩野の強さを技術面と身体面から分析したデータがある。技術面について、シドニー・オリンピックの日本代表で200m背泳ぎ4位の萩原智子氏によると、手の先から足の先までが一直線となり、水の抵抗を受けにくい泳ぎができる技術を持ち合わせているとのこと。また体幹が強いため、抵抗を受けない水中姿勢をレース後半まで維持でき、フォームを崩さず泳ぎ切ることができるそうだ。

また萩野の練習中に計測したデータの中で、乳酸値が測定ミスと思われるほど高い数値だったことが判明したという。乳酸とは、激しい運動をすることによって、筋肉のなかに生成される物質である。「疲労物質」というイメージがあり、「乳酸が溜まる⇒疲れた」と解釈されることもあるようだが、じつは近年の研究における乳酸の解釈は「もてる力をどれだけ出したか」を示すものであるという。激しい運動後に測定される乳酸値の、過去のオリンピック代表選手の平均が15ミリモルであるのに対し、萩野は21ミリモル。それだけ自身のもつ力を十分に発揮できることの証しである。

また萩野には各種目において、切瑳琢磨するライバルが日本に多く存在するということも、萩野だけでなくほかの競技者にもプラスになっているのではないだろうか。背泳ぎには200m世界ランク1位の入江陵介が、自由形には30歳になってもまだなお現役で進化を続ける松田丈志や、50m自由形の日本記録保持者の塩浦慎理《しんり》が、そして個人メドレーには、幼少期からのライバルで、13年の世界選手権における400m個人メドレーで萩野を制して金メダルを獲得した瀬戸大也《だいや》がいる。「トビウオジャパン」の選手層は、前にも増して厚くなっている。

第3章　サッカー——データでひもとくFIFAワールドカップ

1930年7月13日、ウルグアイの首都モンテビデオで行われたフランス対メキシコの試合で幕を開けた第1回FIFAワールドカップ。2014年の第20回ブラジル大会まで、延べ425チームが参加、836試合が行われ、2379のゴールが生まれた。これらのスコアデータを使って、サッカーという競技をさまざまな角度から俯瞰してみよう。

平均得点の推移から見える戦術の変化

50年代までは1試合平均の得点が4点前後であった

データ３－１　ワールドカップの１試合あたり平均得点の推移

年	開催国	参加チーム	平均得点	優勝国
1930	ウルグアイ	13	3.9	ウルグアイ
1934	イタリア	16	4.1	イタリア
1938	フランス	15	4.7	イタリア
1950	ブラジル	13	4.0	ウルグアイ
1954	スイス	16	5.4	西ドイツ
1958	スウェーデン	16	3.6	ブラジル
1962	チリ	16	2.8	ブラジル
1966	イングランド	16	2.8	イングランド
1970	メキシコ	16	3.0	ブラジル
1974	西ドイツ	16	2.6	西ドイツ
1978	アルゼンチン	16	2.7	アルゼンチン
1982	スペイン	24	2.8	イタリア
1986	メキシコ	24	2.5	アルゼンチン
1990	イタリア	24	2.2	西ドイツ
1994	アメリカ	24	2.7	ブラジル
1998	フランス	32	2.7	フランス
2002	日本・韓国	32	2.5	ブラジル
2006	ドイツ	32	2.3	イタリア
2010	南アフリカ	32	2.3	スペイン
2014	ブラジル	32	2.7	ドイツ

（データ3－1）。54年のスイス大会では26試合中、5点以上得点の入った試合が16試合あり、ハンガリー対韓国の9－0や、ウルグアイ対スコットランドの7－0のような大味なゲームもざらにあった。

それが60年代に入り、サッカーの戦術が大きく変貌する。それまでは、WMと呼ばれる5人のフォワード、5人のディフェンダーで構成されるフォーメーションが主流だったが、フォワードを減らしてミッドフィルダーと呼ばれる攻守を兼任するポジションの選手を置き、高い位置からのプレッシング、さらにはオフサイドトラップを狙うためディフェンダーの最終ラインを押し上げ、相手がプレーするスペースを減らすといった組織的な守備戦術が普及したことで、試合中に入る得点が激減する。62年以降、1試合あたりの平均得点は3点以下となっている。

最近では06年、10年と平均得点が2・3点まで減っており、FIFAとしては「このままゴールシーンが少ないようだと、テレビ観戦者に敬遠されるのでは」との考えがあるようで、「ゴールを広くする」「プレーヤーを10人にする」など、いろいろな方策を提案しているようなのだが、まだ実現にはいたっていない。14年の大会では2・7点まで回復したのだが、その一因として大会の公式球として採用されたアディダス社「ブラズーカ」があるようで、軽く蹴っても高速のパスが可能で、ロングパスの軌道がぶれにくいという特性によって攻撃がしやすかった結果の現れであると考えられている。

データ3−2　先制点をとった試合の戦績

	先制して勝利	引分	逆転負け		通算勝利数
ブラジル	55 87.3%	5 7.9%	3 4.8%	63	70
アルゼンチン	38 86.4%	4 9.1%	2 4.5%	44	42
ドイツ	55 82.1%	7 10.4%	5 7.5%	67	66
イタリア	40 74.1%	8 14.8%	6 11.1%	54	45
日本	4 57.1%	0	3 42.9%	7	4

先制点にまつわる7・2・1の法則

次に、サッカーにとって先制点がいかに重要であるかをデータで示してみよう。

ワールドカップの試合において、前後半90分終了時点で0−0となった試合を除く757試合のうち、先制点をとったチームが勝利したのは528試合で全体の69・7%に上る。また引分は17・3%、逆転負けを喫するのは12・9%である。この数字はJリーグの試合でも同様の比率になることが知られており、先制点をとったチームの「7・2・1の法則」と命名する。プロ野球においては先制点をとったチームの勝率が6割なので、サッカーではより先制点が重要であることも示される。ではこの数字を強豪国で見てみよう（データ3−2）。

優勝回数5回のブラジルは、先制した63試合で55勝3敗5分、勝率87・3%である。またアルゼンチンやドイツも8割を超える勝率を記録している（ブラジルは逆転勝ちも15回を記録しており、国際舞台での底力を発揮している）。

それに対し、本戦参加の歴史の浅い日本は、先制した7試合で4勝3敗。通算でも4勝なので、すべて先制した試合によるものである。逆転負けは2回で、とくに06年のドイツ大会では予選リーグ3試合のうち、2試合が逆転負け（初戦のオーストラリア1－3、第3戦のブラジル1－4）となっている。

もっとも多いスコアは

ここで、スコアに関するデータを紹介しよう。

サッカーは点が入りにくいスポーツという印象があるようだが、90分間で0－0となる確率は9・4％で10分の1にも満たない。これはみなさんの実感よりも少ないのではないだろうか。

もっとも多いスコアは1－0で全体の18・1％、次いで2－1で14・2％である。ちなみに2－1となるまでの過程について分析してみると、

1－0　↓　2－0　↓　2－1　40試合（33・6％）
1－0　↓　1－1　↓　2－1　33試合（27・7％）
0－1　↓　1－1　↓　2－1　46試合（38・7％）

データ3-3　スコアの分布

勝利チーム＼敗戦チーム	0	1	2	3	4	5
0	79					
1	151	90				
2	90	119	35			
3	49	63	36	3		
4	24	28	12	0	2	
5	6	7	8	1	0	0
6	5	9	0	2	0	0
7	4	3	1	1	0	1
8	3	0	0	1	0	0
9	2	0	0	0	0	0
10	0	1	0	0	0	0

となり、先制したチームの勝利が6割、4割が逆転によるものである（データ3-3）。

ここで改めて1試合あたりのゴール数の分布を示し、この分布がある数学的な法則にのっとっていることを紹介しよう（データ3-4）。

1試合の平均得点は2・85である。そこで平均が2・85のポアソン分布という確率分布の確率関数

$$\frac{e^{-2.85}\times 2.85^{x}}{x!}$$

のxに0、1、2、3、……を代入したものと実際の比率を比較してみると分布の形が類似していることがわかる（データ3-5）。

データ 3－4　ゴール数の分布

得　点	0	1	2	3	4	5	6	7	8以上
試合数	79	151	180	168	122	70	27	21	18
比　率	9.4	18.1	21.5	20.1	14.6	8.4	3.2	2.5	2.2

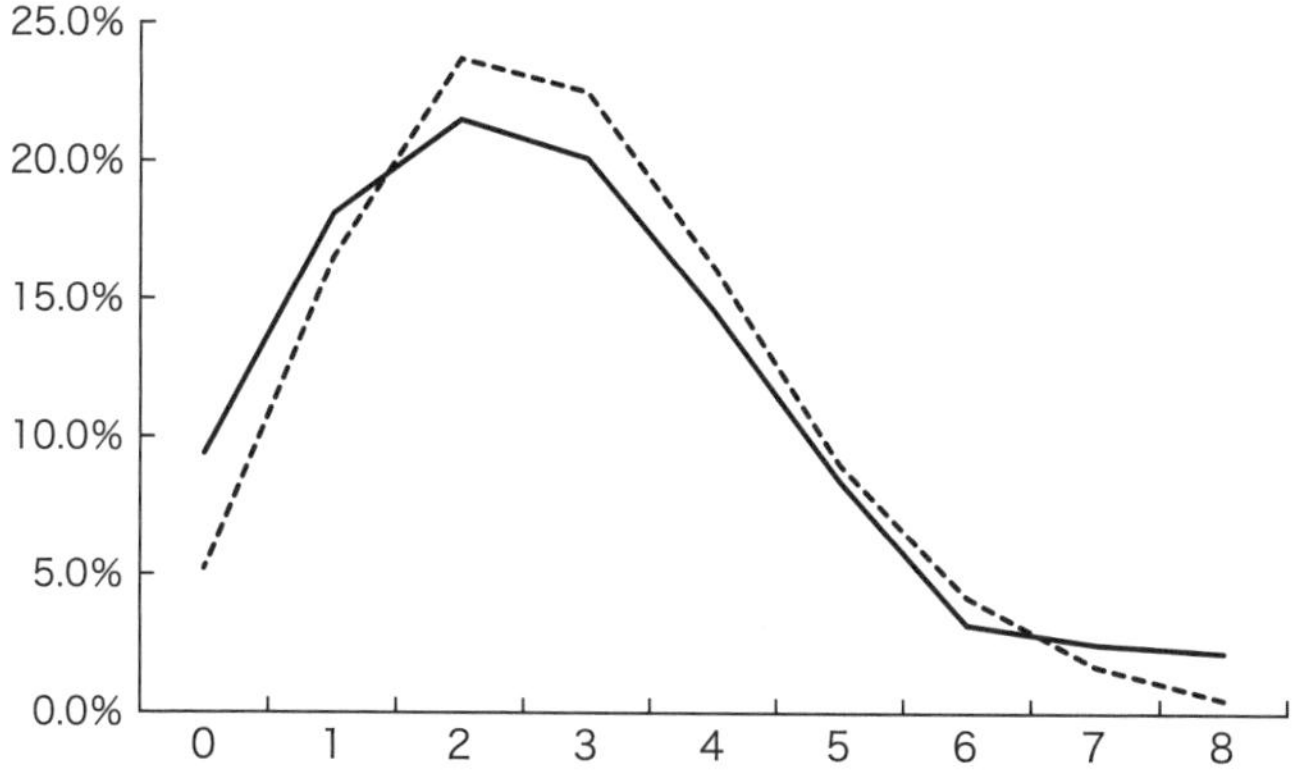

データ 3－5　実際の得点分布（実線）とポアソン分布（点線）

もともとポアソン分布とは「まれな現象の大量観察による確率分布」として知られており、「交通事故の発生件数」や「単位時間あたりの来客数」の分布などに当てはまるといわれている。

つまりサッカーの得点というのは科学的に見ても「まれな現象」というわけで、それだけに先制点が大事ということの裏づけにもなる。ちなみに「野球の1試合におけるホームラン数」もポアソン分布に従う。

得点が生まれやすい時間帯

サッカーのテレビ中継を見ていると、解説者が「立ち上がりに気をつけないといけませんよ、集中してほしいです

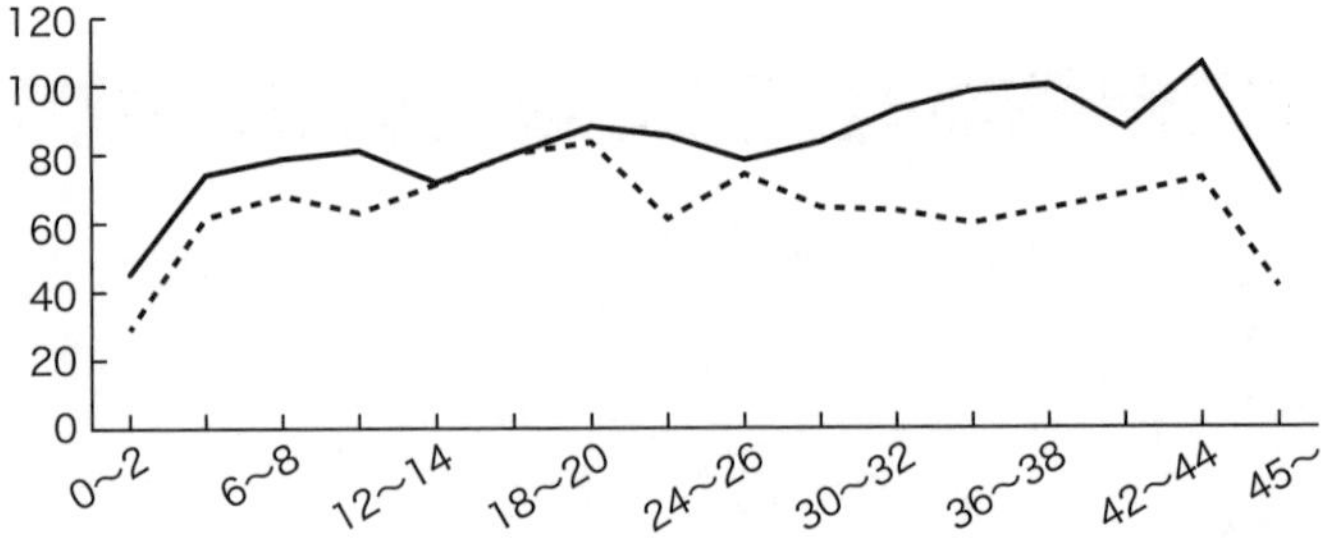

データ３－６　前半（点線）と後半（実線）での得点が生まれた時間

ね」というのをよく耳にする。また終わり間際の5分が危険な時間帯であるという説もよく聞かれる。では実際、本当に試合序盤や終盤に得点は多く生まれているのだろうか。90分までに入った２３１５の得点について、入った時間の時系列データをグラフで示す（データ３－６）。

前後半でゴール数を比較すると前半１０１３、後半１３０２で、後半における得点は56・２％である。

３分ごとに区切られた時系列データを見ても、後半30分以降に得点するケースが多いということがわかる。もっとも多い時間帯が後半42～44分であり、やはり試合終了間際での得点には細心の注意を払うべきであろう。

また前後半の15～20分の時間帯も得点チャンスだといえよう。中だるみによる守備の乱れやスキを突いて得点するケースなどの影響と思われる。じつはワールドカップの日本戦における得点シーンも、このあたりに生まれていることが多い。10年南アフリカ大会での予選グループ第３戦（ベルギー戦）では本田圭

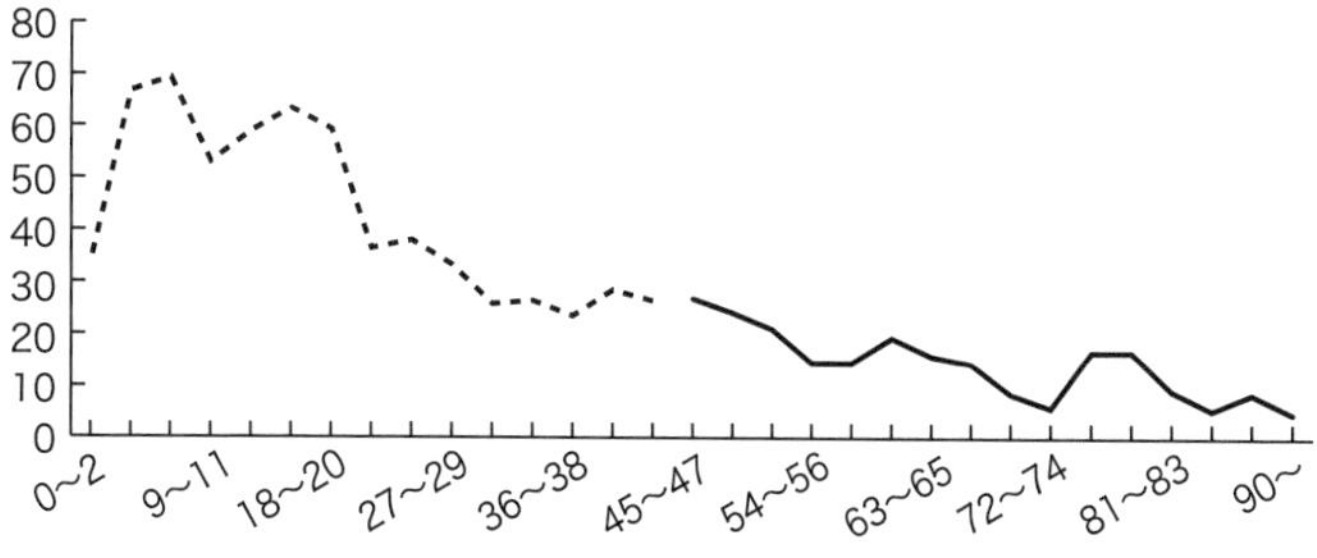

データ3－7　先制点が入った時間

佑が17分にゴールして先制。14年ブラジル大会での予選リーグ初戦（コートジボワール戦）でも16分に本田が先制ゴールを上げている。そして第3戦（コロンビア戦）では、17分に対戦相手にPKを与え、先制ゴールを許している。

このデータからは、試合のすべり出しあたりは、突出してゴールが生まれる時間帯であるとはいえなさそうだ。しかし、別の観点から見ると新たな事実がわかる。先制点に絞った時系列データを見てみよう（データ3－7）。

先制点が生まれるピークは前半の3～8分というまさに試合の立ち上がりであることがわかる。また第2のピークは15～17分であることも判明する。まだ相手の選手が芝生やボール、チームのシステムなどに慣れないため、しばしば思わぬ判断ミスやパスミスが起き、先制点が生まれやすいと考えられる。この時間帯に得点できれば、7・2・1の法則より、勝利の確率が高い状態を早い段階で得ることができ、その後の試合運びにもよい影響を与える。逆にいえば、この時間帯の失点は「自分たちの「サッカー」をするチャンスを失わせ、苦しい試合展開を余儀なくされることにつながるわけで、なんとかして避けたいと考えるのは当然のことだろう。

先攻と後攻、有利なのは？　重圧がのしかかるＰＫ戦

両チームが死力を尽くしても勝敗がつかず、迎えるサッカーのペナルティーキック（ＰＫ）戦。交互に蹴る双方各５人に大変な重圧がのしかかる状況において、もしあなたがキャプテンで、先攻か後攻かを選ぶチームを決めるコイントスに勝ったとしたら、先攻と後攻のどちらを選択するだろうか。

結論から述べると、ＰＫ戦は先攻を選んだほうが有利なのである。

ワールドカップでは82年の第12回スペイン大会での準決勝、西ドイツ対フランスの試合が最初のＰＫ戦である（ちなみに国際試合でのＰＫ戦導入は76年の欧州サッカー連盟（ＵＥＦＡ）ヨーロッパ選手権からである。それ以前は再延長や、後日の再試合、コイントスによる抽選などで勝ち上がりチームを決定していた）。

それ以来、ワールドカップでは26回ＰＫ戦が行われてきた。

ＰＫの成功率は２４０本中１７０本で70・８％となっている。ただ先攻と後攻ではその成功率に差が生じている。先攻の成功率は73・０％に対し、後攻は68・４％と低くなっている。と

いうことは、それが勝敗にも影響し、先攻が15勝、後攻が11勝、つまり勝率57・7％で先攻が有利なのである。じつは02年の準決勝、韓国対スペインから14年の準々決勝、コスタリカ対ギリシャまで、先攻が9連勝していたという記録もある。その中には10年のワールドカップ南アフリカ大会の準々決勝、パラグアイ対日本も含まれており、後攻の日本は5－3で敗退している。

ほかの大会の状況も見てみると、全国高校サッカー選手権の過去10大会における先攻チームは56勝48敗で勝率53・8％。さらに大きなデータによる分析がイギリスの研究機関で行われ、70年から00年にかけて行われたPK戦2820件を調べると、先攻の勝率が60％であったという。またPKの先攻・後攻を選ぶコイントスに勝ったチームの主将は95％の確率で先攻を選ぶという調査もあった。

データ3－8　PKの成功率（％）

	1本目	2本目	3本目	4本目	5本目
先攻	76.9	69.2	80.8	69.2	70.0
後攻	76.9	73.1	69.2	58.3	60.0

では、蹴る順番によって成功率は変動するのだろうか（データ3－8）。ワールドカップのデータによると、もっとも成功率が低いのは通算の8本目（後攻の4人目）で、成功率は58・3％まで下がる。このデータから、ポイントを先攻されることからくる精神的なプレッシャーが、あとに蹴る選手に大きな影響を与えることが如実に現れている。

さらに興味深いデータがある。このPKを決めれば勝利が決定するといった場面での成功率は93・75％（15／16）と非常に高いのに対し、外せば敗北が決定するといった場面での成功率はなんと42・11％（8／19）。勝利を決める場面では、蹴る側は決めれば勝利、外しても敗北とはならないという気持ちのなか試技ができるのに加え、キーパーとしてはただでさえ30％の確率でしか止められない状況のなかで、決められれば負けという相当なプレッシャーが覆い被さっていることもあり、より高い成功率になっているのだろう。しかし、外せば負けの状況ではキッカーにかかる大きなプレッシャーが成功率を引き下げているものと考えられる。この数字に人間の機微を感じることができるだろう。

コラム　PKの戦略を数字で考える

PK戦において、キッカーとキーパーの駆け引きは重要な要素である。一般的に右利きのキッカーはゴールに向かって左側に蹴るほうが、速いシュートを打てるため決まる確率も高くなるはずである。しかしキーパーがそれを読んでボールと同じ方向に飛べば、シュートを止められる危険性も高まる。ここではキッカーがPKを決める確率を最大にする最適戦略について、中学校1年生で学ぶ一次方程式の知識を用いて考えてみよう。

ここでＰＫの成功確率を、キッカーが左に蹴ったとき、キーパーが同じ方向に飛べば60％、逆に飛べば90％、キッカーが右に蹴ったとき、キーパーが同じ方向に飛べば50％、逆に飛べば70％と仮定しよう。

この条件で、キッカーはどのような戦略を立ててＰＫ戦に臨めばよいのだろうか。「データ上、キッカーに有利な左側だけに蹴る」という単純な戦略は、相手にもそう読まれれば最適な戦略とはいえない。じゃんけんで毎回グーだけ出していれば相手にそれを読まれパーを出されて負け続けるようなものである。そこでゲーム理論における「混合戦略」というランダムに戦略を選ぶ考え方によって、ＰＫの戦略を考えてみる。

まず左側に蹴る確率をxとしよう。もしキーパーがキッカーから見て左側に飛んだ場合の成功確率は

$$0.6x + 0.7(1 - x) = -0.1x + 0.7$$

で表すことができる。またキーパーがキッカーから見て右側に飛んだ場合の成功確率は

$$0.9x + 0.5(1 - x) = 0.4x + 0.5$$

である。この2つのxの関数を同じ座標上に表してみる（図①）。
このグラフより、2つの直線の交点のx座標が0・4であることがわかる。
これは1次方程式

$$-0.1x + 0.7 = 0.4x + 0.5$$

の解でもある。これより$x>0.4$であれば、キーパーが左に飛ぶことでキッカーの成功確率が悪くなり、$x<0.4$ならばキーパーが右に飛ぶことでキッカーの成功確率が悪くなる。そのため$x=0.4$であれば、キーパーの動きに関係なく成功確率を最大化できる。つまりキッカーは左に蹴る確率を40％、右に蹴る確率を60％とする混合戦略をとることが最適なのである。

データから見ると、キッカーにとって左に蹴るほうの

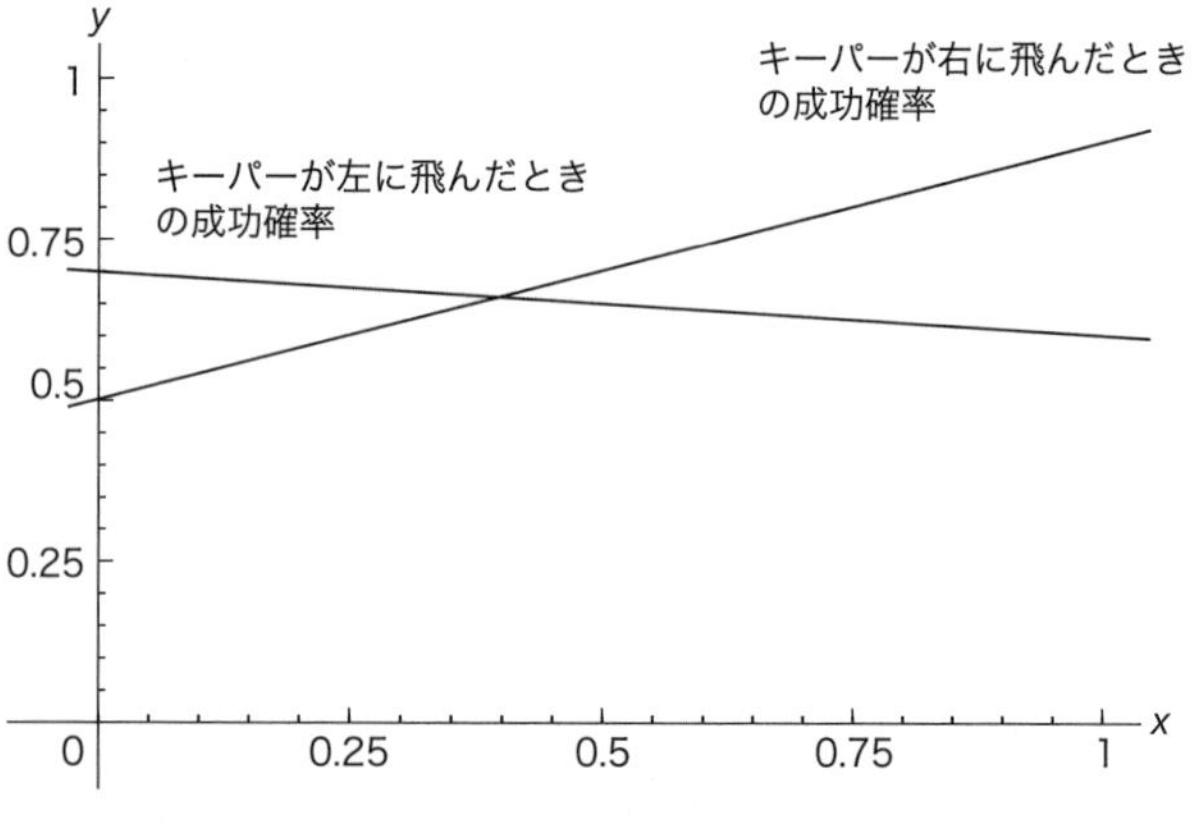

図①

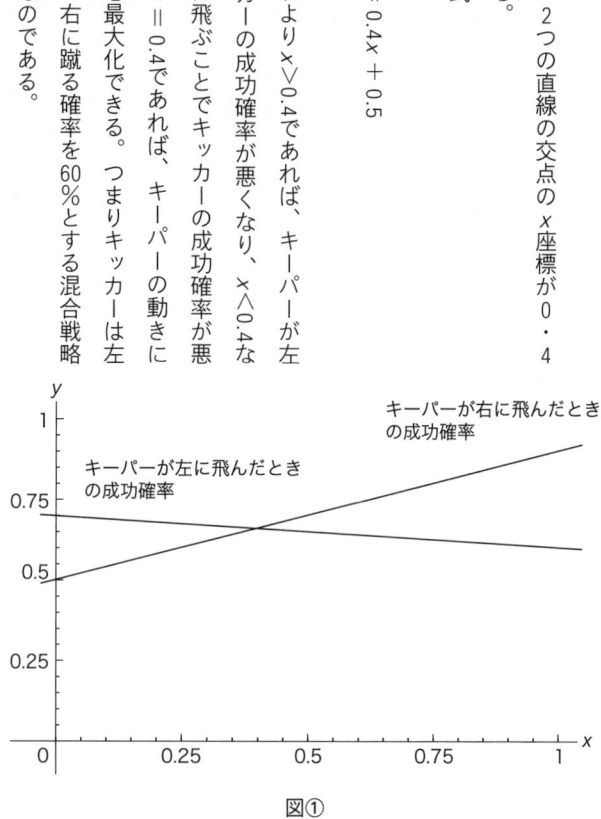

成功確率が高いにもかかわらず、右に蹴る確率を多くすることが最適であるという戦略に疑問を感じるかもしれない。しかしスポーツにおいて得意な戦術を多用しないことが有効だということはよくあり、たとえばボクシングで右ストレートが武器のボクサーが右のパンチばかり繰りだすということはない。左のジャブなどで相手との間合いを計り、ここぞとばかりに右を打ち込むことでダウンを奪う確率を上げている。テニスでもフォアハンドが得意だからといってフォアばかり打ち込むことはないだろう。

自分の得意技への警戒心を逆手にとって、それを多用しないことが有効な戦術であるということを、数式が証明したのである。

カストロールインデックスによる選手評価

サッカー選手の個人記録を表す数字といえば、やはり「得点」である。14年のワールドカップの得点王はコロンビアの若きエース、ハメス・ロドリゲスであった。ロドリゲスはこの大会での活躍が認められ、フランス1部リーグのモナコからスペイン1部リーグのレアル・マドリードに移籍したのだが、移籍金が8000万ユーロ（約109億円）、年俸も700万ユーロ（約10億円）という破格の契約となった。もちろん得点がとれることは大きな魅力ではあるが、それだけではそこまでの大きな評価にはならないだろう。

フォワードがシュートを撃つためには、ディフェンダーがボールを奪い、ミッドフィルダーがパスやドリブルでつなぐというプレーが必要となる。しかし、そういったプレーの数値評価というのはあまり見かけることはない。新聞や雑誌では選手の個人評価が掲載されているが、それはあくまでも採点記者の主観的評価であって、必ずしも科学的な評価であるとはいい難い。

しかし現代は画像処理技術の進化により、欧州では選手を科学的かつ客観的に評価しようという試みが盛んになっている。10年のFIFAワールドカップ南アフリカ大会から、トラッキングという技術を使って、試合の画像をコンピュータに取り込むことにより、ボールの動きと選手の動きを瞬時に計測できるようになった。テレビの実況などで、試合中の選手の走行距離や瞬間最高速度などが紹介されているのを耳にした記憶のある読者もいらっしゃるだろう。この技術によってボールと、ボールに触れている選手の動きだけでなく、オフ・ザ・ボールの選手のことも即時に解析できるのである。

では14年のワールドカップの日本代表のなかで、もっとも移動距離が長いタフな選手は誰だったのだろうか（データ3-9）。

データによるとサイドディフェンダーの長友佑都が、1試合あたり11・2kmもピッチ上を動いていることになる。もちろん試合中に歩いているときの距離も加算してはいるが、全速力でプレーしている割合が全体の12％であり、チーム1位という凄まじい運動量なのである。また

データ 3－9　日本代表選手の移動距離と最高速度

	走行距離（90分換算）	最高速度（km／h）
内田篤人	9.9	29.95
長友佑都	11.2	31.07
吉田麻也	9.7	29.20
山口　螢	10.0	29.41
長谷部誠	10.5	26.86
本田圭佑	10.4	30.35
岡崎慎司	10.0	30.13
香川真司	10.9	28.51
大久保嘉人	9.9	27.36

瞬間最高速度を記録したのも長友で時速31・07kmであった。しかしこのスピードは参加した選手のなかでも中位の記録であり、そこまで突出しているわけではない。ドイツの選手には、長友の最高速度を超える選手が7人もいるわけで、身長や技術の高さだけでなく、スピードも上手なのである。

このトラッキング技術のすごいところは、パスやドリブルがどれだけ効果的であるかも計測できることである。相手ディフェンス何人抜きのパスを出したとか、ゴールになる確率の高いシュートを未然に防いだなどといったプレーなどを、その難易度によって数値評価できるようになった。数値評価の基準となるのは、プレーエリアのシュート成功確率で、ディフェンダーを何人もスルーして確率のより高いエリアにいる味方に届けたパスは高評価となるのである。10年のワールドカップから、そういった一つ

データ3－10　2014FIFAワールドカップのカストロールインデクスランキング

	選手名	国	ポジション	カストロールインデックス
1	クロース	ドイツ	MF	9.79
2	ロッベン	オランダ	FW	9.74
3	デフライ	オランダ	DF	9.70
4	フンメルス	ドイツ	DF	9.66
5	ミューラー	ドイツ	FW	9.63
6	ベンゼマ	フランス	FW	9.60
7	オスカル	ブラジル	MF	9.57
8	チアゴシルバ	ブラジル	DF	9.54
9	ロホ	アルゼンチン	DF	9.51
10	フラール	オランダ	DF	9.48
11	メッシ	アルゼンチン	FW	9.46

ひとつのプレーの数値を加算して評価する「カストロールインデックス」というシステムが導入された。このシステムにより、個人のプレーを科学的、客観的に数値評価できるようになったのである。

このデータを見ると、10年はスペインのディフェンダー4人が総合ランキングでトップ4を独占する結果となった。つまりスペイン優勝の原動力はディフェンス陣のがんばりによるものであるといえよう。確かにスペインは華麗なパスワークで観客を魅了したが、7試合で2失点という堅実な守備がワールドカップ初優勝に大きく貢献したのである。なお、同年のゴールキーパー部門では、日本の川島永嗣が3位に入るという快挙を成し遂げた。これが評価され、その後ヨーロッパリーグで活躍するきっかけとなった。
14年のカストロールインデックスでは、優勝したドイツ代表のトニ・クロースが9・79でトップとなっている。これは84・8%のパス成功率だけでなく、そのパスが有効だったことを示している。なお大会最優秀選手に選ばれたアルゼンチン代表のリオネル・メッシは9・46で全体の11位となっており、選考委員会の印象で選ばれる賞との違いを見せている（データ3－10）。ちなみに日本人選手の最上位は本田で8・14、全体の110位である。

実は15年よりJ1リーグでも、トラッキングによるデータ収集が開始された。Jリーグ公式サイト（http://www.jleague.jp）では毎節1試合を対象にアニメーションによるトラッキングデータでの実況を見ることができるようになった。またリアルタイムで、選手の走行距離やスプリント回数、トップスピード、ヒートマップが取得できるようになった。これによりカストロールインデックスのような選手評価指標の開発が期待できる。とくに、ボールをもつ選手に対する守備者の間合いの詰め方が数値化され、より緻密な守備の個人指標の開発に寄与できるものと確信する。

コラム　なでしこジャパンのワールドカップ連覇の確率は？

女子サッカー競技人口の推移

サッカー日本女子代表が初めて国際試合に出た1980年前後、サッカー協会に登録していた女子選手は1000人に満たなかった。その後「キャプテン翼」や「Jリーグ開幕」とサッカーが浸透するに連れて、競技人口が急増する。さらにはアトランタ・オリンピックで女子サッカーが正式種目に採択されたことも追い風となり、96年には2万4000人と第一次のピークを迎える。オリンピックへの出場権を得た日本女子代表に期待が寄せられたが、予選リーグで3戦全敗、のちのシドニー・オリンピックでは出場権を得ることができず、競技人口は減少に転じる。

2002年、上田栄治が代表監督に就任すると、03年に女子ワールドカップの出場権を獲得し人気が再燃、04年アテネ・オリンピックの出場をかけた国立競技場の試合には3万人以上の観客が集結し、その声援あってか強豪北朝鮮相手に3－0と勝利、2大会ぶりのオ

リンピック出場を決める。これを機に日本女子代表チームの愛称が「なでしこジャパン」と命名された。アテネでなでしこは健脚を発揮し、初めて予選グループリーグを突破する。準々決勝では絶対女王、アメリカに破れたが、大会を通じて警告・退場ゼロで、フェアプレー賞を受賞する。

競技人口も2万5000人まで回復するにいたったが、その後、人気や競技人口の伸びは停滞することになる（データ①）。その状況を一気に変えたのが11年にドイツで開催された女子ワールドカップである。

なでしこジャパン大躍進の原動力

佐々木則夫監督率いるなでしこジャパンは予選リーグを2勝1敗の2位で通過、地元ドイツとの準々決勝で延長後半3分に途中出場の丸山佳里奈がゴールを決め1－0で勝利したことで国中の注目が集まり、準決勝から地

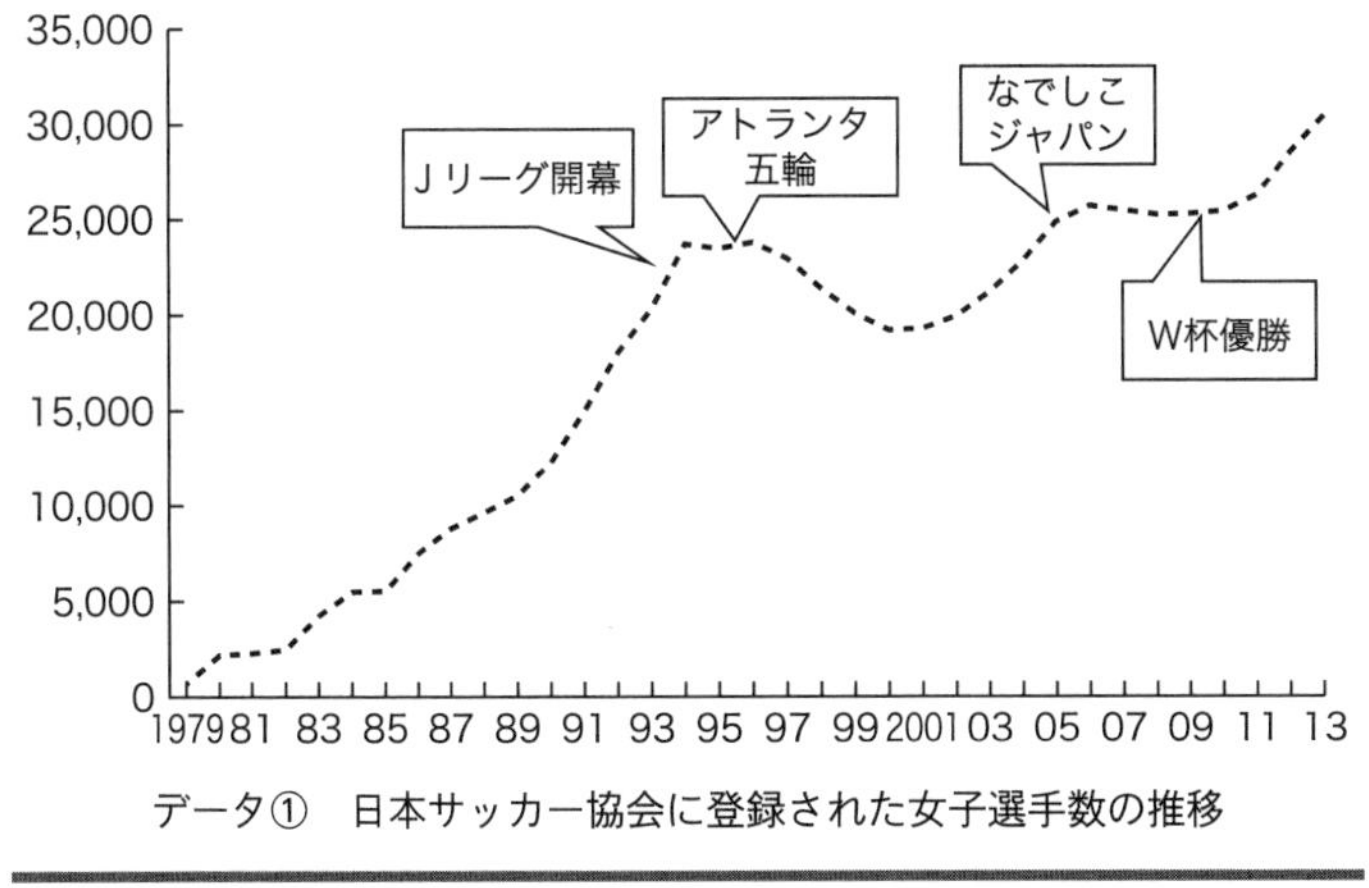

データ①　日本サッカー協会に登録された女子選手数の推移

上波での生放送が急遽《きょ》行われることになる。準決勝はスウェーデンに3－1で快勝。決勝はこれまで一度も勝ったことのないアメリカとの対戦で、先制されるも宮間あやの後半終了間際のゴールで同点とし、延長戦へ。延長前半、アメリカに1点を許し、絶体絶命の状況のなか、宮間がニアに放ったコーナーキックはキャプテン澤穂希《ほまれ》のアクロバティックなアウトサイドキックによって、キーパーの間隙を突き、ゴールに吸い込まれる。

延長戦終了のホイッスルが吹かれ、試合はPK戦へ。データ上不利とされる後攻となるもゴールキーパー海堀あゆみのスーパーセーブ連発で形勢逆転。3－1で制し、アジア初のワールドカップ優勝の栄冠を勝ち得たのである。この模様は早朝を迎えた日本でも報じられ、生中継番組の視聴率は地上波とBSを合わせて32・5％となった。

なお、決勝戦後、東日本大震災に対する各国からの支援に感謝の意を示す横断幕をもって会場を1周したなでしこジャパンに対し、震災に打ち拉《ひし》がれた国民から賞賛を得たことも記憶に残しておこう。

この大会のMVPと得点女王となり、さらにはその年の女子最優秀選手賞を獲得することになる澤は、93年、15歳で代表初招集、この時点ですでに代表歴が18年、14年にも代表に招集されているのでこの時点で代表歴22年の大ベテランである。国際Aマッチ出場数も197試合で、これは男子の日本代表における最高記録である遠藤保仁の152試合（代表歴14年）を大きく上回る。また代表ゴール数は82で、日本サッカー界のレジェンドFW、釜本邦茂の75ゴール（代表歴14年）を凌駕する（データ②）。
ワールドカップ優勝の屋台骨を担ったのは澤とFW安藤梢のベテランに加え、宮間や丸山、エースの大儀見（当時は永里）優季、大野忍、近賀ゆかり、岩清水梓、阪口夢穂《みずほ》といった「なでしこ」命名のころに初招集されたメンバーであった。そこにGKの海堀あゆみ、川澄奈穂美、熊谷紗希、鮫島彩の08年初招集組が融合してチームを形成していくことになる。

なでしこブームの熱狂のなか、12年のロンドン・オリンピックでは当然金メダルの期待がかかる。「予選通過はもちろんのこと、決勝進出は当然の結果」を求められるプレッシャーのなか、佐々木監督は予選リーグ第3戦に主力を温存し、引き分けで2位通過を狙うという作戦を敢行、期待どおり決勝進出を果たす。対戦相手はワールドカップと同じアメリカ、この大会の4カ月前に行われたアルガルベカップで初めてアメリカに勝利したため、否が応でも金メダル獲得の期待は最高潮に達するが、アメリカに2点を先攻され、大儀見が反撃の1点を返すも、1－2で敗北。それで

データ②　サッカー日本代表の出場試合数と得点数のランキング

女子	選手名	試合数		選手名	得点
1	澤穂希	197	1	澤穂希	82
2	宮間あや	144	2	大儀見優季	52
3	大野忍	125	3	長峯かおり	49
男子	選手名	試合数		選手名	得点
1	遠藤保仁	152	1	釜本邦茂	75
2	井原正巳	122	2	三浦知良	55
3	川口能活	116	3	岡崎慎司	41

もメキシコ・オリンピックで男子サッカーが獲得した銅メダルよりも輝かしい銀メダル獲得となった。

第7回女子ワールドカップの優勝は？

15年6月から、カナダで第7回FIFA女子ワールドカップが開催される。大会規模もこれまでの16チームから24チームに拡大する。この大会にディフェンディング・チャンピオンとして挑むなでしこジャパンに対し、杯奪還を狙うアメリカ、開催国のカナダをはじめ、ドイツ、フランス、中国といった強豪がしのぎを削ることになるだろう。

では、今大会に参加するチームの過去の戦績データから、もっとも優勝に近いチーム、さらには日本の優勝確率を求めてみよう。

前回のワールドカップ後に行われた参加24カ国間の国際Aマッチの対戦成績を収集し、それらの得失点をすべて集計した。そのデータを統計学で「ブラッドリー・テリーモデル」という統計手法に基づいて、各国の強さの推定を行った。

ブラッドリー・テリーモデルとは官能検査における一対比較から、調査対象の優劣を数値化するという統計的手法である。たとえば、A、B、C、Dの四つの商品の味覚を数値化してその優劣を決定したいとする。１００人に調査をし、AとBの比較においてAが好みと答えた人数が70人、Bと答えた人数が30人であれば、このときAはBに対して70勝30敗という勝敗データに変換する。これを、A

とC、AとD、BとC、BとD、CとDというすべての対戦データを集計し、そこから四つの商品のポテンシャルを数値化するというものである。

分析の結果、アメリカ、フランス、ドイツといったFIFAランクトップ3が順当に上位と分析された（データ③）。とくに注目はドイツである。最新（15年3月27日現在）のFIFAランキングは1位であり、男子ブラジル・ワールドカップでも優勝を果たすなど、現在のサッカー界を席巻している。これは06年にドイツでワールドカップが開催されたのを機に、男女問わず若年層の強化に取り組んだ成果が身を結んでおり、ドイツの経済状況のよさも相乗効果となって現れている。

では、なでしこジャパンはどうだろうか。

データ③　2015FIFA 女子ワールドカップの参加 24 カ国の優勝確率

順位	チーム	優勝確率	順位	チーム	優勝確率
1	アメリカ	14.1%	13	イングランド	3.0%
2	フランス	12.3%	14	ニュージーランド	2.9%
3	ドイツ	10.8%	15	韓国	2.9%
4	日本	6.8%	16	ナイジェリア	2.7%
5	スウェーデン	5.8%	17	中国	2.1%
6	ノルウェー	5.6%	18	メキシコ	1.4%
7	スイス	4.6%	19	コロンビア	1.3%
8	カナダ	4.5%	20	カメルーン	1.2%
9	オランダ	4.4%	21	コートジボアール	0.7%
10	オーストラリア	4.3%	22	コスタリカ	0.6%
11	ブラジル	3.9%	23	エクアドル	0.3%
12	スペイン	3.7%	24	タイ	0.2%

分析によれば4番目の実力と判断。これはFIFAランクに等しい。この4年間での国際Aマッチでトップ3の国との対戦成績は1勝2分6敗。とくにドイツには4戦全敗であるという結果からそう導かれたのだろう。

執筆時点で澤の代表招集は見送られる方向だが、裏を返せば澤を凌駕する若手出現のチャンスでもある。地上波で高校女子サッカー選手権や大学女子サッカー選手権などが放映されるなど若手への期待は高まる。

なでしこは新芽を吹かせ、カナダの地で新たな花を咲かせようとしている。

第4章　ゴルフ――パターとドライバーのどちらが重要？

ゴルフ2015年問題

2016年に開催されるリオデジャネイロ・オリンピックで、112年ぶりにゴルフが正式種目に復活する。また石川遼、松山英樹などの若きスタープレーヤーが出現したことでゴルフの注目度が高くなっているかと思いきや、じつはそうでもないらしい。みなさんは日本において「ゴルフ2015年問題」というものが存在することをご存じだろうか。これはゴルフ市場活性化委員会（GMAC）

データ 4－1　ゴルフ行動者のデータ

年	1996	2001	2006	2011
ゴルフ行動者人口	1537 万人	1255 万人	1014 万人	924 万人
ゴルフ行動者率	14.4%	11.1%	8.9%	8.1%
ゴルフ行動日数（1 年あたり）	22.1 日	23.9 日	25.1 日	28.5 日

が06年に指摘したもので、バブル経済以降のゴルフ離れの進展、少子高齢による人口減少などの要因で、15年を境にゴルフ需要が急激に減少することが予想されるという問題である。

１９９６年から11年まで5年ごとに総務省から公表された「社会生活基本調査」のデータと国立社会保障・人口問題研究所のデータをもとにこの問題を検証してみよう。データ４－１によるとゴルフ人口は15年で4割も減少している様子がわかり、参加率もほぼ半減している。ＧＭＡＣは、59歳以下世代のゴルフ離れを主因と分析している。また11年時点で主要な世代とされている65～69歳の年齢層のプレーヤーは15年には70歳以上となり、活動意欲はあっても体力的な問題でプレー回数の減少は避けられない。

そこで日本ゴルフ協会（ＪＧＡ）は、ジュニア世代と呼ばれる10代プレーヤーの開拓を振興策としてきた。

通算優勝回数１１３回の金字塔を打ち立てた尾崎将司は元プロ野球選手で、ゴルフを始めたのは21歳のころ。岡本綾子や小林浩美は高校時代ソフトボール部に所属し、ゴルフを始めたのはその後。そのためゴルフは、高校時代に別の競技を行ったあと、20歳前後から始める競技というイメージをもたれていた。しかし、10年度男子ゴルフツアー賞金シード70名の選手がゴルフを始めた年齢の平均値は11・8歳で、これは小学校6年生に相当する。また日本ジュニアゴルフ選手権の男子12〜14歳部門に参加する選手数も、丸山茂樹が優勝した84年大会は22名だったが、14年8月に行われた大会では52名と増加している。また95年に12名でスタートした女子12〜14歳部門も、14年は57名の参加となり、男子を上回っている。これらのデータからジュニア世代からゴルフを始める傾向が強くなっていることが読み取れる。

ジュニア層の拡大に大きな影響を与えたのは、女子では宮里藍、そして男子は石川遼といっても過言でないだろう。両名とも高校生時代にアマチュアとして参加したプロツアーで優勝し、その後プロに転向。1年目から大活躍し、世間の注目を集めた。ただ宮里は4歳、石川は6歳からクラブを握ったといわれており、初優勝の時点で10代ではあるがキャリアは10年以上のプレーヤーということになる。

宮里藍の飛躍

宮里藍は06年度から全米女子プロゴルフ協会（LPGA）ツアーを主戦場としてきたが、最初の3年間、優勝はおろか、5戦連続予選落ちを経験するなど不振に陥っていた。しかしエビアン・マスターズで初優勝した09年から徐々に成績を残し、10年は年間4勝、6月にはついに世界ランク1位にも輝いた。あるテレビ番組で本人が語っていた飛躍の要因は、「第2打の精度を上げること」だった。世界の強豪外国人女子選手が放つティーショットの飛距離に圧倒され、参戦当初はドライバーの飛距離を伸ばすスイング改造に取り組んでいたが、それによってバランスが崩れ、スコアが伸び悩んでいたようだ。そこで第1打の飛距離は捨て、第2打の精度を上げるためのスイング改造に取り組んだところ、スコアメイクできるようになってきた。それを示すデータがある。LPGAサイトに掲載されているデータ「Putts per GIR」はパーオン（規定打数の2打前でグリーンにオンすること）したホールにおける平均パット数のことであるが、10年度の宮里は1・73で、年度トップである。これはパー4のホールの場合、第2打で放った打球を好位置につけることができ、パットの数を減らせたことの証左といえよう。

松山英樹と石川遼の違いを探る

スポーツ心理学者曰く、「止まっているゴルフボールを打つことは心理的に難しい行為である」と。なぜならボールが止まっているがゆえに、構えているときにさまざまな邪念を脳に与えているからだとのこと。失敗を恐れる、もしくは自分の技量以上のショットを求めることで過度な緊張が生じやすいのは、ゴルフを経験されている方なら誰しもご理解いただけることだ

データ4－2　日本ゴルフツアー機構の公式記録

	石川遼（2009）		松山英樹（2013）	
国内賞金	174,532,558	1位	155,860,333	1位
海外賞金	8,991,493	5位	45,216,448	1位
平均ストローク	69.93	1位	69.32	1位
平均パット	1.7235	1位	1.7629	14位
パーキープ率	84.85	15位	87.89	1位
パーオン率	65.21	24位	71.33	2位
バーディ率	4.42	1位	4.18	1位
イーグル率	5.60	2位	16.67	51位
ドライビングディスタンス	292.37	9位	291	10位
フェアプレイキープ率	47.95	87位	55.32	38位
サンドセーブ率	57.03	10位	64.06	1位
トータルドライビング	96	36位タイ	48	3位タイ

ろう。ただ統計学者の観点からすれば、プレーが離散的であるがゆえに、多くのデータが取得しやすいという、とてもありがたい競技のひとつといえるのである。

日本ゴルフツアー機構（JGTO）のサイトでは、データ4－2にある公式記録をはじめとしたさまざまなデータが掲載されている。ここでは09年の石川と、13年の松山のデータを紹介する。どちらとも日本の男子プロツアーで賞金王を獲得した年だ。

なお「平均ストローク」の値は、コースの難易度を示す「コース調整値」を加減して算出されているので、コースの違いによる差は排除されているものとする。これらのデータから両者の違いをひと言で表すと「攻めの石川、安定の松山」となる。石川のイーグル率、

データ 4－3　2014 年 PGA ツアーの戦績

	試合	優勝	2位	3位	10位以内	25位以内	予選通過	世界ランク
松山英樹	24	1	0	1	4	12	20	20位
石川遼	24	0	1	0	3	9	14	83位

バーディ率の高さは、パー5のロングホールで果敢に攻めていく姿勢を物語っている。それを裏づけるデータとしてパー5での2オン率19・73％は年度トップの成績である。それに対し、パーキープ率、パーオン率、サンドセーブ率が高い松山のデータからは、卓越した技術による堅実で安定したプレーぶりが伺える。

ただこのデータだけから選手の強さを細かく分析するにはいささか物足りない。全米プロゴルフ協会（ＰＧＡ）ツアーのサイトを見ると、個人の統計データページには、じつに１００以上のデータが掲載されている。またパットのデータも距離別やシチュエーション別など多様なデータが取り揃えられている。さらにレーダーによって得られたティーショットのヘッドスピードやボールの曲がり具合、ボールスピンの量なども取得できる。

14年シーズンは、石川、松山ともＰＧＡツアーに本格的に参戦しているので、ＰＧＡツアーのサイトにあるデータから両者のプレーをひもといてみよう。

まずは戦績である（データ4－3）。

松山は6月に行われたザ・メモリアルトーナメントにおいて、最終日、

データ4－4　2014年シーズンの松山と石川のプレー内容

松山英樹		石川遼	
平均ストローク	70.087（20位）	平均ストローク	70.980（108位）
フェアウェイからの平均寄せ距離	28フィート2インチ（12.1 m）（2位）	平均パット数	1.734（6位）
100〜125ヤードからの平均寄せ距離	15フィート1インチ（1位）	15〜20フィートからのパットの成功率	27.87%（5位）
150〜175ヤードからの平均寄せ距離	14フィート9インチ（4.5 m）（1位）	75〜100ヤードからの平均寄せ距離	11ヤード11インチ（1位）
100ヤード以内からの平均寄せ距離	14フィート3インチ（1位）	バーディ以上が確定するためのパットの成功率	32.72%（7位）

※1フィートは30.48 cm
※1ヤードは91.44 cm＝3フィート
PGAツアー公式サイト（www.pgatour.com）より引用。

2打差の3位から首位に並び、プレーオフの末、PGAツアー初優勝を手にした。08年の今田竜二以来、日本人として4人目の快挙である。石川はまだ優勝を果たせず、2位が最高。予選通過も松山が20／24で83・3%の通過率に対し、石川は14／24の58・3%。世界ランク、獲得賞金も水をあけられた感がある。

データ4－4に挙げたデータからわかることは、アプローチにおいて松山が優秀な数値を残している点である。これは前述の宮里のように、松山が近い将来、十分に世界と渡り合える可能性を示唆している。

石川の数字で目立ってよいとされるものはあまり見当たらず、強いていえばパ

データ4－5　PGAツアー選手における距離別のパット成功率と平均パット数（2003年から12年における約400万回のパットデータによる分析）

距離（フィート）	1パットの確率（%）	3パットの確率（%）	平均パット数
3	96	0.1	1.04
8	50	0.6	1.50
10	40	0.7	1.61
15	23	1.3	1.78
20	15	2.2	1.87
30	7	5.0	1.98

※1フィートは30.48 cm
ブローディ『ゴルフデータ革命』より引用。

ットでよい数字を残している。しかしパットがスコアに与える影響は、じつは15％程度のものである（これに関してはのちほど説明をしよう）。石川の持ち味であるドライブがまだ有効でないことの現れでもあるだろう。

最新の機器によってつくり出された新しい指標Score Gained

「Driver is show. Putt is money.」という格言がゴルフ界に存在する。300ヤードの飛距離のドライバーショットも1打、数センチのパットも1打。1打の違いで数千万円の差を生み出すのがプロゴルフの世界である。

スコアメイクのためにはパターの技術向上が大事であると格言は示唆しているのだが、その真偽を統計学で解読してみると意外なことが判明する。

PGAツアーでは「SHOTLink」と呼ばれるシステムを導入し、ボールの飛距離や初速、回転数、落下地点からピンまでの距離などのデータを集積している。

データ4－5は、パットにおけるピンまでの距離と、1パットで入る確率、平均パット数を示している。このデータに基づいて、コロンビア大学のマーク・ブローディ教授が、新たな指標「SGP（Stroke Gained: Putting）」を開発した。

平均的なパット数に比べてどれだけ少ない打数に抑えられたかを示すもので、その差を「稼いだ打数」として表現する。

ここでブローディ教授の著書『ゴルフデータ革命』（プレジデント社）に示されたデータを引用しよう。たとえば、8フィート（約2・4m）のパットの成功率は50％で、その距離からの平均パット数は1・5である。これを1パットで沈めれば0・5打稼いだことになり、2パットであれば、0・5打損したことになる。ホールごとにこれを集計し、稼いだ打数の1ラウンド平均がSGPとなる。

04年から12年までのデータにおける最多SGPの選手はルーク・ドナルド（英）で、1ラウンドあたりパットで0・7打稼げる能力をもつ「パットの名手」として評価されるのである。

同様の考え方で、ティーショットからグリーンに達するまでに稼いだ打数も計算することができる。これを「SGT2G（Stroke Gained: Tee to Green）」という。

たとえば、ホールまで500ヤードあるコースのティーショットで300ヤードのドライバーショットをフェアウェイにキープすると、500ヤードのティーからの平均打数が4・41、

データ4－6　PGAツアー選手における距離別、シチュエーション別のホールアウトまでの平均打数（2003年～12年のデータから算出）

距離（ヤード）	ティー	フェアウエイ	ラフ	バンカー
60		2.70	2.91	3.15
100	2.92	2.80	3.02	3.23
200	3.12	3.19	3.42	3.55
300	3.71	3.78	3.90	4.04
400	3.99	4.11	4.30	4.69
500	4.41	4.53	4.72	5.11

※1ヤードは91.44 cm＝3フィート
ブローディ『ゴルフデータ革命』より引用。

残り200ヤードのフェアウェイからの平均打数が3・19なので

4.41－3.19－1＝0.22

より、このショットで0・22打稼いだことになる。このショットがフェアウェイを外し、ラフに入れば、残り200ヤードのラフからの平均打数は3・42なので、

4.41－3.42－1＝－0.01

となり、稼ぎがほとんどないショットであると評価される（データ4－6）。

同じ飛距離でも、フェアウェイ、ラフ、バンカーのどこに落とすかで、ショットの価値は違うわけで、その違いがこの指標で数値化できるようになった。

SGPとSGT2Gの合計「SGT（Stroke Gained: Total）」に占めるSGPの比率を「パットの貢献度」と定義すると、全プレーヤーの貢献度の平均は15％であり、残り85％はティーからグリーンまでのショットに依存する。とくに貢献度が大きいのはアプローチで、40％を占めている。これはスコアメイクのためには、パターよりもショットの精度を上げて打数を稼ぐ努力をすべきであることを教唆している。

04年から12年のSGTがもっとも大きい選手は、タイガー・ウッズ（米）で2・71。2位のジム・フューリク（米）の1・84を大きく引き離している。2・71のうち、アプローチによる「稼いだ打数」は1・28で、これもPGAトップ。じつに46％の貢献度である。この10年間でアプローチによる「稼いだ打数」のPGAランキングは1位が6回で、5位を下回ったことがない。ウッズの武器は、正確無比なアプローチであることがデータから判明した。

14年のPGAランキング1位で、7月から8月にかけて出場3試合連続優勝、そのうち2試合はメジャータイトル（全英オープン、全米プロゴルフ選手権）という、現在もっとも脂が乗っている新進気鋭の25歳、ローリー・マキロイ（英）の武器はティーショットである。過去10年のデータでも、ティーショットによる「稼いだ打数」はPGAトップに相当し、貢献度も59％と非常に大きい。飛距離だけでなく、2打目も打ちやすい場所を狙ってコースを攻略し、

データ4－7　2014年PGAツアーのStroke Gainedのデータ

世界ランク	選手名	SGT	SGT2G	SGP	パット貢献度（%）
1	R. マキロイ	2.327（1）	2.019（1）	0.307（35）	13
2	A. スコット	1.780（4）	1.314（8）	0.466（15）	26
3	H. ステンソン	1.058（22）	1.092（14）	−0.033（108）	−3
4	S. ガルシア	2.064（2）	1.855（2）	0.209（55）	10
5	J. ローズ	1.566（6）	1.611（5）	−0.045（109）	−3
18	松山英樹	1.407（8）	1.618（4）	−0.211（144）	−15
80	石川遼	0.382（65）	0.227（80）	0.155（68）	41

PGAツアー公式サイト（www.pgatour.com）より引用。

スコアメイクをしていることがわかる。

日本人選手を見ると、松山のSGTが1・407で8位、またSGT2Gは1・618で4位と好成績である。ショットは世界のトップレベルであることが、この指標でも明らかになったのだが、SGPはマイナス0・211と、足を引っ張っている状況である。15年シーズン、松山はマスターズで5位に入る健闘を見せたがその時点でのSGPはマイナス0・031。惜しいパットでもったいない場面も多く見られた。データも示すように、パターの精度を上げることがメジャー制覇の鍵といえよう（データ4－7）。

「パット・イズ・マネー」は迷信か

先に「パットの貢献度は15%」と述べて、スコアメイクのためにはショットの精度、とくにアプローチの精度を上げることが重要と結論づけた。

では「Putt is money.」は迷信なのだろうか。じつはPGAツアー優勝者に限定すると、パットの貢献度は35％に上昇する。いつも以上に素晴らしいパットパフォーマンスができたとき、それが優勝という実を結ぶ。14年の全英オープンで優勝したマキロイの初日のSGPはなんと6・3。SGTが7・3なので、その貢献度は86％である。

優勝のためにはショットだけでなく、パットの貢献も重要であり、「Putt is money.」の信憑《ぴょう》性はデータ解析によって証明された。

ゴルフでも重要なデータアナリスト

近年はこのようなデータを分析し、改善点を導き出す分析家と契約するプロゴルファーが増えている。13年のRBCカナディアンオープンを制したブラント・スネデカー（米）にはマーク・ホートンというデータアナリストが帯同している。またイギリスのプロ、ルーク・ドナルドは大学時代からのコーチであるパット・ゴスのデータ分析を交えた指導により、ドライバーの飛距離の増加、100ヤード以内の技術の改善を行い、世界ランク1位を獲得するまでにいたった。

メジャー大会制覇、世界ランク1位は日本人選手にとって未踏となっている。前述のパット・ゴスは「ゴルファーは自分のプレーを事実ではなく、感情で認識しがちである」と述べている。多様なデータが入手できる時代を戦うには、データ分析の側面からプレーヤーにアドバイスできる専門家によって、自身のプレーを客観的に判断してもらうことが重要なのではないだろうか。

コラム　ワールドカップ開催を控えたラグビーのデータ戦略

ラグビー人気の盛衰

1980年代は日本におけるラグビー人気が全盛であった。松任谷由実が高校ラグビー、天理対大分舞鶴の決勝戦に感銘を受け、名曲「ノーサイド」が誕生したのは84年。同年度に大学ラグビーでは、平尾誠二、大八木淳史らが所属する同志社大学が史上初の大学選手権3連覇を果たす。その年の日本選手権では、松尾雄治率いる新日鐵釜石が同志社の挑戦を三たび撥《は》ね除け、前人未到の7連覇を達成する。この試合を最後に松尾は引退した。

翌年の全日本社会人ラグビーフットボール大会で、8連覇をかけた王者・新日鐵釜石に待ったをかけたチームが現れた。前年の同大会の決勝で敗れた神戸製鋼である。大八木が入社し、フォワードが強力となった神戸製鋼は準決勝で釜石と対戦。一進一退の攻防の末、終了間際に勝ち越した神戸製鋼が13－9で釜石を破り、8連覇を阻止する。ラグビー界における「鉄の男」の称号が移った瞬間だった。のちに平尾が加入した神戸製鋼はこちらも88年から日本選手権7連覇の偉業を成し遂げる。

90年代にいたるまでラグビーの人気は隆盛を誇り、関東大学対抗戦の早稲田大学と明治大学の試合はチケット入手が困難で、国立競技場に6万人以上の観衆を集めたこともある。とくに印象的だったのは、90年12月に行われた早明戦。早稲田のスタンドオフで主将の堀越正己、フルバックでロングプレースキックが得意だった今泉清、明治のウイングで主将の吉田義人ら、大学ラグビーの人気を支えていた選手が4年生となって挑んだ試合に全国の注目が集まる。終了2分前まで24－12で明治がリードしていたのだが、早稲田はそのわずかな間隙を縫って2トライ2ゴールを返し、あっという間に24－24の同点（当時はトライが4点）となった。そのままノーサイドとなり、対抗戦でも両校優勝というまれに見る好ゲームであった。

そのラグビー人気が90年代以降下火になる。ひとつは社会人と大学の戦力格差が拡大し、日本選手権で社会人チームのワンサイドゲームが続くようになったこと。78年新日鐵釜石の初優勝以降、19年間で大学チームが勝ったのは2回のみ。88年から社会人が9連覇、試合内容も一方的ということで、

データ①　日本ラグビーフットボール選手権大会の出場チーム

年	社会人大会優勝	日本選手権のスコア	大学選手権優勝
1978年	新日本製鐵釜石	24－0	日本体育大学
1979年	新日本製鐵釜石	32－6	明治大学
1980年	新日本製鐵釜石	10－3	同志社大学
1981年	新日本製鐵釜石	30－14	明治大学
1982年	新日本製鐵釜石	21－8	同志社大学
1983年	新日本製鐵釜石	35－10	同志社大学
1984年	新日本製鐵釜石	31－17	同志社大学
1985年	トヨタ自動車	13－18	慶應義塾大学
1986年	トヨタ自動車	26－6	大東文化大学
1987年	東芝府中	16－22	早稲田大学
1988年	神戸製鋼	46－17	大東文化大学
1989年	神戸製鋼	58－4	早稲田大学
1990年	神戸製鋼	38－15	明治大学
1991年	神戸製鋼	34－12	明治大学
1992年	神戸製鋼	41－3	法政大学
1993年	神戸製鋼	33－19	明治大学
1994年	神戸製鋼	102－14	大東文化大学
1995年	サントリー	49－24	明治大学
1996年	東芝府中	69－8	明治大学

興醒め感が漂う。選手権の意義が問われるようになり、1996年度の大会をもって社会人対大学のワンマッチシステムは幕を閉じた（データ①）。

さらなる人気低下の一因はラグビーのワールドカップにあると考えられる。87年に第1回がニュージーランド、オーストラリア共催で行われ、日本は予選プールでオーストラリア、イングランド、アメリカと同組となった。英米には勝てるとの楽観視は打ち崩され、結果は3戦全敗。第2回大会では格下ジンバブエにワールドカップ初勝利を挙げたものの、第3回（95年）ではニュージーランド・オールブラックスに17－145の記録的大敗を喫する（追い打ちをかけることを申しあげると、その試合のオールブラックスは控えメンバーだった）。

それまで親善試合でしか日本代表戦を見たことのなかったファンの目に、世界との差をまざまざと見せつけられる形となった（データ②）。

日本ラグビーの強化策は？

95年、世界のラグビー界に大きな変革が起きた。「アマチュア宣言」が撤廃され、プロ・アマのオープン化が行われる。また有力国の代表チームやクラブチームのユニフォームに企業のロゴが掲載されるようになったり、フィールド上にテレビで映されたときに広告として浮かび上がるペイントがなされたりと商業化も進んだ。

データ② ワールドカップでの日本代表の成績（1勝2分21敗）

年	開催地		戦績		監督、HC
1987	ニュージーランド オーストラリア	● ● ●	18－21 7－60 23－42	アメリカ イングランド オーストラリア	宮地克実
1991	イングランド	● ● ○	9－47 16－32 52－8	スコットランド アイルランド ジンバブエ	宿澤広朗
1995	南アフリカ共和国	● ● ●	10－57 28－50 17－145	ウェールズ アイルランド ニュージーランド	小藪修
1999	ウェールズ	● ● ●	9－43 15－64 12－33	サモア ウェールズ アルゼンチン	平尾誠二
2003	オーストラリア	● ● ● ●	11－32 29－51 13－41 26－39	スコットランド フランス フィジー アメリカ	向井昭吾
2007	フランス	● ● ● △	3－91 31－35 18－72 12－12	オーストラリア フィジー ウェールズ カナダ	ジョン・カーワン
2011	ニュージーランド	● ● ● △	21－47 7－83 18－31 23－23	フランス ニュージーランド トンガ カナダ	ジョン・カーワン
2015	イングランド			南アフリカ スコットランド サモア アメリカ	エディー・ジョーンズ

それによってラグビー強豪国はテレビの放映権などで大きな収益を得ることができるようになり、さらなる選手強化が行える環境が整備されることになった。とくにアパルトヘイト政策のため国際舞台から遠ざかっていたが、ワールドカップ開催、そして優勝と世界的地位を復活させた南アフリカと、ニュージーランド、オーストラリアの南半球3カ国は、「トライネーションズ」という代表対抗戦や、各国のクラブチームが参加する「スーパー12（現在のスーパーラグビー）」という国際的なリーグ戦を開催し、強化を進めていった。

世界のレベルアップに取り残されないよう、日本のラグビーも21世紀に入り改革が行われる。それまで地域に分かれていた社会人リーグを統一し、03年、ジャパンラグビートップリーグが発足。日本のトッププレーヤーが切磋琢磨する場となった。さらに日本代表は05年に強化委員長・監督という指導体制から、ゼネラルマネージャー・ヘッドコーチ（ＨＣ）による強化体制にシフトする。そしてＨＣには外国人指導者を据えることになった。

新体制で初めて臨むワールドカップは、ニュージーランドのスター選手で、第1回ワールドカップで伝説の「90ｍトライ」を決めトライ王にも輝き、日本のＮＥＣでもプレーした経験をもつジョン・カーワンがＨＣとしてチームを指揮した。しかし、大会直前での就任だったために準備不足の感は否めず、第4戦のカナダ戦で引分に持ち込み、予選プール最下位を逃れるにとどまった。

11年ワールドカップに向けて再始動したカーワン・ジャパンは、テストマッチでカナダやアメリカ、サモア、トンガ、フィジーといった環太平洋地域の強豪国に勝利するなど着実に力をつけていったかに見えたが、2大会連続で予選プール3敗1分という結果で終える。これは結局、イギリス、フランス、南アフリカ、オーストラリア、ニュージーランドといった強豪国との対戦を4年間で積むことができず、経験不足が露呈した結果ともいえよう。カーワンはこの大会をもってHCを退任する。

12年からHCに就任したのは、03年ワールドカップで母国を準優勝に導き、前年までトップリーグ・サントリーのGM兼監督だったオーストラリア出身のエディー・ジョーンズである。彼は強化法、戦術ともに大胆な改革を断行する。

これまでの日本は、体格差を考慮し、コンタクトを避け、スピードで振り切るタイプの戦術をとっていた。しかし、選手に装着したGPSや加速度センサーから得られるデータから判明したことは「日本には世界のトッププレーヤーの基準となる瞬間速度9m／秒（32・4km／時）がプレー中に出せる選手がいない」ということであった。つまり、これまでの戦術では世界と戦えないことがデータ解析で証明されてしまったのである。

このエレクトロ技術とデータ解析から、ジョーンズが導いた日本が修得すべき戦術は「ボールを奪われない」ラグビー。タックルされると相手側にボールの主導権を与えてしまいがちだったが、「消える」と称される体勢の低いタックルによるボール奪取や、タックルされてもボールを味方につなぐ技術と、それをサポートする技術の習得をメインとした練習メニューを取り入れた。またそれを実現するためのフィジカルトレーニングも行った。その効果が徐々に成果となって現れつつある。

13年11月のロシア戦から14年11月のルーマニア戦までの1年間、テストマッチ11連勝を記録（11月23日のグルジア戦で敗戦し記録はストップ）。世界ランク8位のサモアに4年ぶりに勝利し、イタリアに初勝利を挙げた。世界ランキングも目標であった10位となった（データ③④）。14年11月に、

データ③　2013年11月からの日本代表の戦績

日程	対戦チーム		スコア	開催地
2013年11月 2日	ニュージーランド代表	●	6－54	東京
11月 9日	スコットランド代表	●	17－42	スコットランド
11月15日	ロシア代表	○	40－13	ウェールズ
11月23日	スペイン代表	○	40－7	スペイン
2014年 5月 3日	フィリピン代表	○	99－10	フィリピン
5月10日	スリランカ代表	○	132－10	名古屋
5月17日	韓国代表	○	62－5	韓国
5月25日	香港代表	○	49－8	東京
5月30日	サモア代表	○	33－14	東京
6月 7日	カナダ代表	○	34－25	カナダ
6月14日	アメリカ代表	○	37－29	アメリカ
6月21日	イタリア代表	○	26－23	東京
11月15日	ルーマニア代表	○	18－13	ルーマニア
11月23日	グルジア代表	●	24－35	グルジア

データ④　ラグビー日本代表の世界ランキング

年	2005	2006	2007	2008	2009	2010	2011	2012	2013	2014
順位	18	18	18	16	13	13	15	15	14	10

世界ランク6位に相当する力があるとされているマオリ・オールブラックスと2度対戦した日本代表。初戦は21－61で大敗したが、第2戦は後半36分まで18－15とリードしながら、最後にトライを決められ18－20の惜敗。

この2戦をデータで見ると、第1戦ではボールが奪われた回数が11だったのが、第2戦は6と半減、逆に奪った回数は4から8へと倍増している。タックル後のサポートを速めたことが功を奏している。またキックも8から21と増えており、攻撃のバリエーションを増やしたことが伺える（データ出典は「朝日新聞」2014年11月27日）。

15年にイングランドで開催されるワールドカップでは、24年ぶりの勝利を挙げるだけでなく、初の決勝トーナメント進出を実現させ、ついに日本で開催される19年のワールドカップのホスト国にふさわしい実績を残していただきたいと願う。

第5章　陸上——世界記録はどこまで伸びるのか？

日本人走者100mの記録

2013年4月29日、広島のビッグアーチで行われた「織田幹雄記念国際陸上大会」で京都洛南高校の3年生、桐生祥秀《よしひで》が男子100m決勝のレースで10秒01を記録した。この記録は各方面で話題になったのでご存じの方も多いだろう。まず、日本の歴代2位の記録であること、ジュニア（19歳以下）の世界記録と同タイムであること、そして現・世界記録保持者であるウサイン・ボルト（ジャマイカ）のジュニア時代よりも速い記録であることなどが話題と

データ5-1　桐生とボルトのジュニア時代の成績

	桐生	ボルト
100 m	10.01（17歳） ジュニア世界記録と同タイムだが、 風向風速計が旧式だったため認定されず	10.03（21歳）
200 m	20.41（17歳）	19.93（17歳） ジュニア世界記録

なった（データ5-1）。

日本記録にあと0・01秒、そして日本人初の9秒台まであと0・02秒という記録を17歳という若さで樹立したことで、当然、将来は9秒台の日本新記録樹立も嘱望されるわけだが、ここで、これまで日本人の100mの記録がどのように変遷していったのかを振り返ってみよう。電気時計での記録として残っている最古の100mの記録は68年メキシコ・オリンピックでの飯島秀雄の10秒34である（ちなみに飯島はオリンピック後「代走専門選手」としてロッテオリオンズにドラフト9位で指名され入団している）。そしてこの記録が不破弘樹によって0・01秒更新されるまでに、じつに19年の年月がかかっている（データ5-2）。

その後は2〜3年に1回のペースで更新され、1998年12月に伊東浩司がバンコクで行われたアジア大会の男子100m準決勝において、1・9mという公認範囲ほぼ上限の追い風に助けられ、10秒00という日本新記録を樹立している（ちなみにこのレースが準決勝ということで、伊東は決勝に備え最後は流してゴールしたとのこと）。日本

データ5－2　日本記録の変遷

			風速	選手名	年齢	大会	会場
1968	10月14日	10.34		飯島秀雄	24	オリンピック	メキシコシティ
1987	9月23日	10.33		不破弘樹	19	東京国際ナイター陸上	国立競技場
1988	9月11日	10.28	1.4	青戸慎司	21	四大学対校（オープン）	国立競技場
1990	10月22日	10.27	1.8	宮田英明	18	福岡国体	東平尾
1991	5月17日	10.20	0.5	井上悟	19	関東学生	国立競技場
1993	10月26日	10.19	2.0	朝原宣治	21	徳島国体	鳴門
1996	6月9日	10.14	0.9	朝原宣治	23	日本選手権	長居
1997	7月2日	10.08	0.8	朝原宣治	25	ローザンヌ国際	ローザンヌ
1998	12月13日	10.00	1.9	伊東浩司	28	アジア大会	バンコク

人は30年で0・34秒記録を短縮させたことになる。しかし日本人にとって「9秒台」という壁は厚く、伊東の記録樹立以来14年間、日本陸上界に立ちはだかっている。

期待の桐生、そして13年ユニバーシアード男子100mで銀メダルの山縣《やまがた》亮太（自己ベスト10・07秒）も14年シーズンはけがで調子を出せず、自己記録の更新ができなかった。そのため日本人による10秒突破にはまだ時間がかかるものと思われた。そんな最中、15年シーズンに入ってビックニュースが舞い込んだ。4月にアメリカ・テキサス州で行われた「2015テキサスリレー」大会の男子100mで、桐生が3・3m／秒の追風参考記録ながら9・87秒という記録をはじき出した。これは電子時計による測定になってから日本人初の9秒台ということになった。さらに言えば、この記録は公認記録上限の追風2・0m／秒という条件に換算しても9・96秒に相当するという（野口純正が02年に『フューチャーアスレティックス』に掲載した研究報告による）。

非公認とはいえ、日本人未到の世界を体感した桐生が、いずれ公認記録9秒台を達成する。そんな日がくることを予見させる出来事であった。

世界記録の変遷

では、世界記録の変遷も見てみよう（データ5－3）。100mの記録で人類が初めて10秒の壁を破ったのは、飯島が出場したメキシコ・オリンピックでの決勝レースにおいてである。ジム・ハインズ（米）が9秒95という記録を樹立したのだが、これは83年にカルヴィン・スミス（米）が9秒93を出すまでの15年、不倒の記録となった。飯島やハインズのメキシコ・オリンピックでの記録のよさにはじつはからくりがあり、会場の高度が2500mという高地にあることが、好記録連発の要因となっている。男子走り幅跳びでボブ・ビーモンが8m90cmという破格の記録を打ち立て23年間も破られなかったという事例もある。83年のスミスの記録も、コロラドスプリングスという高地で行われた競技会での記録である。そのため現在では、高地での競技会の記録は高地記録として扱われる。平地で最初に9秒台を記録したのは、87年にロ

データ5－3　男子100mの記録の変遷

			風速	選手名	年齢	国籍	大会	会場	備考
1964	10月15日	10.06	1.1	ボブ・ヘイズ	21	USA	オリンピック	東京	
1968	6月20日	10.03	—	ジム・ハインズ	21	USA	全米選手権	サクラメント	
1968	10月13日	10.02	2	チャールズ・グリーン	24	USA	オリンピック	メキシコシティ	高地
1968	10月14日	9.95	0.3	ジム・ハインズ	22	USA	オリンピック	メキシコシティ	高地
1983	7月3日	9.93	1.4	カルヴィン・スミス	22	USA	U.S.オリンピックフェスティバル	コロラドスプリングス	高地
1987	**8月30日**	**9.83**	**1**	**ベン・ジョンソン**		**カナダ**	**世界陸上**	**ローマ**	**ドーピング疑惑により削除**
1987	8月30日	9.93	1	カール・ルイス	26	USA	世界陸上	ローマ	
1988	9月24日	9.92	1.1	カール・ルイス	27	USA	オリンピック	ソウル	
1991	6月14日	9.9	1.9	リロイ・バレル	24	USA	全米選手権	ニューヨーク	
1991	8月25日	9.86	1.2	カール・ルイス	30	USA	世界陸上	東京	
1994	7月6日	9.85	1.2	リロイ・バレル	27	USA	ローザンヌ国際	ローザンヌ	
1996	7月27日	9.84	0.7	ドノバン・ベイリー	28	カナダ	オリンピック	アトランタ	
1999	6月16日	9.79	0.1	モーリス・グリーン	24	USA	国際グランプリ	アテネ	
2002	**9月14日**	**9.78**		**ティム・モンゴメリー**		**USA**	**IAAFグランプリファイナル**		**ドーピングにより削除**
2005	6月14日	9.77	1.6	アサファ・パウエル	22	ジャマイカ	スーパーグランプリ	アテネ	
2007	9月9日	9.74	1.7	アサファ・パウエル	24	ジャマイカ	グランプリ	リエティ	
2008	5月31日	9.72	1.7	ウサイン・ボルト	21	ジャマイカ	リーボック・グランプリ	ニューヨーク	
2008	8月16日	9.69	0	ウサイン・ボルト	21	ジャマイカ	オリンピック	北京	
2009	8月16日	9.58	0.9	ウサイン・ボルト	22	ジャマイカ	世界陸上	ベルリン	最高40 km/h

ーマで開催された世界陸上でのカール・ルイス（米）である〔このレースではベン・ジョンソン（カナダ）が9秒83でゴールしているのだが、のちにドーピングが発覚し、記録は削除されている〕。そこからアサファ・パウエル（ジャマイカ）までの20年間で人類は0・19秒縮めたことになる。

08年5月に彗星のごとく現れ、パウエルの記録を更新してから、たった1年3カ月で先の20年間で縮めたのとほぼ同じ0・16秒の時間短縮を成し遂げたのがボルト。もともとボルトは200m専門の選手で、17歳のときにジュニアで世界初の19秒台を記録している。しかし100mは前述のように9秒台に乗ることはなかった。しかし200mでのスピード育成のためにチャレンジした100mでメキメキと頭角を表し、ついには9秒58というとてつもない記録を生み出すにいたった。

100mの記録の限界は?

では、人類による100mの記録の限界はいったい何秒なのだろうか。その疑問に対し、世界の研究者がさまざまなアプローチで取り組んでいる。スタンフォード大学のマーク・デニー教授が08年に *The Journal of Experimental Biology* という学術雑誌に発表した論文で、陸上競技各種目の過去100年に及ぶ各年の世界最高記録を極値解析し、回帰分析と呼ばれる統計手

◆男子 100m 世界記録の推移

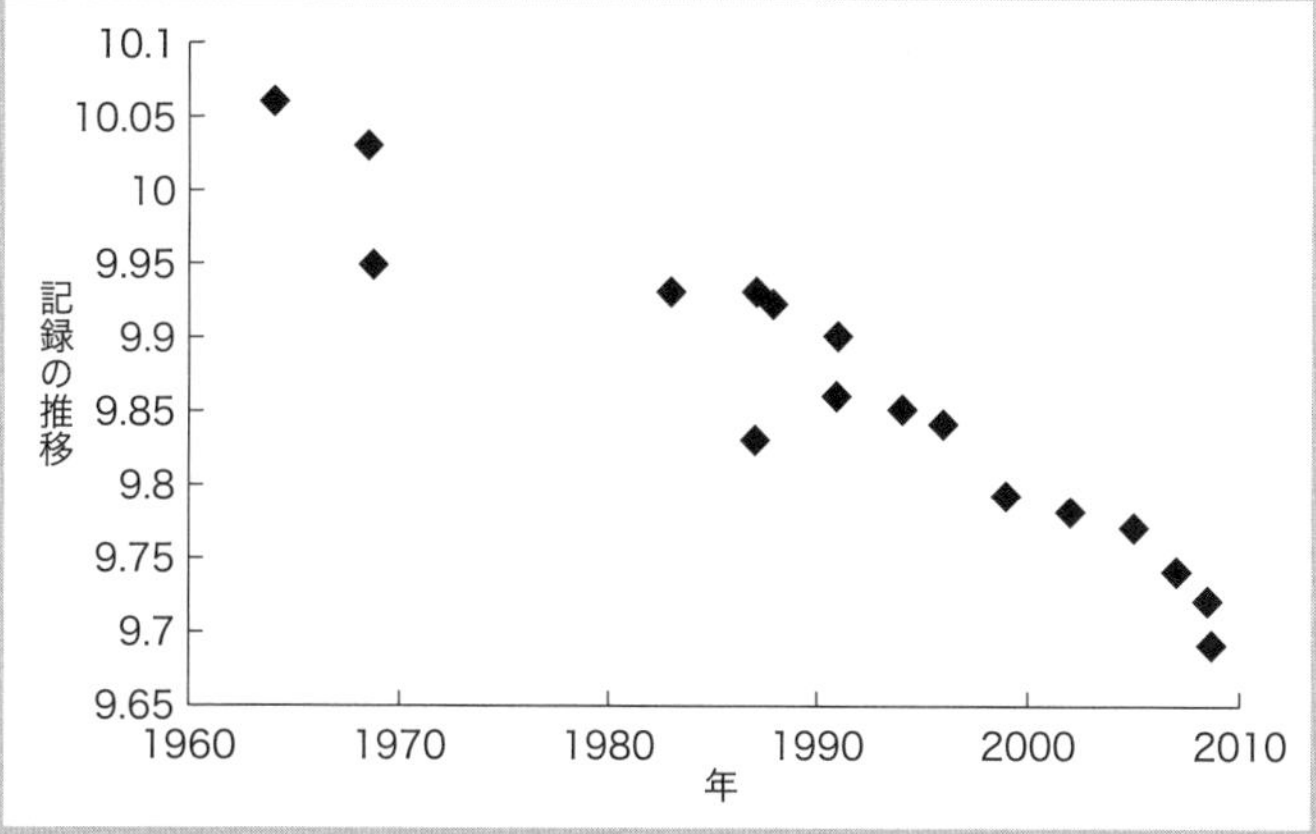

xを年、yを男子 100m の記録とし、xとyの関数を

$$y = ae^{bx} + c$$

と表す。過去の記録から、推移の状態を表すのにもっともふさわしい係数 a、b、cを求めるのが回帰分析である。
回帰分析で求められた係数 cが、限界値として推定される。

図 5－1　限界値の求め方

法によって限界値を割り出している（図5－1）。それによると100m走における平均速度の限界が10・55m／秒（37・98km／時）で、タイムは9秒48であるという。なお論文が発表されたあとの09年にボルトは9秒58という記録を出している。このデータを入れて分析し直せば、限界値はもっと速くなるのではとお思いの方もおられるだろうが、もし入れて解析をしても、いって9秒46と推測され、そこまで極端に変わることはないだろう。さらにいえば、じつはボルト自身もどこまで記録が伸びるかという質問に対して「9秒4が限界では」というコメントを残している。

しかし、もっとアグレッシブな予想を立てた学者がいる。サザンメソジスト大学のピーター・ウェイアンド教授の研究チームによれば、なんと7秒14が限界値であるという結論が導かれた。速く走ろうとすれば、足が地面に接する時間が短くなるが、短すぎては地面を蹴る力が弱くなる。論文によると7人の運動選手にランニングマシン上で、できるだけ速く走ってもらい、その接地時間を計測したところ、平均0秒11であった。それに1歩で蹴る力の最大値を乗じて計算したところ、人間の走る速度の限界が平均50㎞／時、瞬間最大速度で69㎞／時になるという。そこからはじき出された100mの限界値が7秒14である。これはあくまでも限界値として計算されたものであるので、本当に人類が7秒台を出せるのかは定かではないが、なんとも夢のある話ではないだろうか。

マラソンの記録はどこまで伸びるか?

男子100m以外の種目についても限界値を見てみよう（データ5－4）。データ5－4を見る限り、もっとも伸びしろがあるのは男子3000mだろう。まだ限界値まで14秒もあるようだ。

データ5－4　男子100 mの記録の変遷

	男子		女子	
	限界値	現在の世界記録（達成時）	限界値	現在の世界記録（達成時）
100 m	9.48	9.58（2009）	10.39	10.49（1988）
200 m	18.63	19.30（2009）	20.99	21.34（1988）
400 m	42.73	43.18（1999）	46.75	47.60（1985）
800 m	1.38.04	1.40.91（2012）	1.50.83	1.53.28（1983）
1500 m	3.21.42	3.26.00（1998）	3.47.92	3.50.46（1993）
3000 m	7.06.42	7.20.67（1996）		8.06.11（1993）
10000 m	25.03.4	26.17.53（2005）		29.31.78（1993）
42.195 km	2:00.47	2:02.57（2014）	2:14.97	2:15.25（2003）

女子の記録に関しては、ほとんどの競技でほぼ限界に近い世界記録となっている。とくに3000mと1万mに関してはもうすでに限界との分析がなされている。たしかに女子のトラック競技の世界記録はすべて20世紀に樹立したもので、21世紀に入ってからは更新されていないのである。400m の47秒60は83年にチェコスロバキアのヤルミラ・クラトフビロバによって樹立され、国際陸上競技連盟が認定している世界最古の世界記録である。一説によれば、前述の記録はお薬の力を借りて、人間の身体能力の限界を超えた状態で生み出されたものとの疑惑もあるとのこと。

では男子マラソンの限界はどうだろうか。

マーク・デニーの分析では、記録の限界値を2時間0分47秒としている。つまり2時間の壁を超えられないとの予測である。しかし論文発表後も着実に

データ5－5　マラソン世界記録の更新ペース

年次	記録	選手	大会
1965	2時間12分0秒	重松森雄（福岡大）	チスウィック
1967	2時間9分36秒	デレク・クレイトン（豪州）	福岡
1969	2時間8分33秒	デレク・クレイトン（豪州）	アントワープ
1981	2時間8分18秒	ロバート・ドキャステラ（豪州）	福岡
1984	2時間8分 5秒	スティーブ・ジョーンズ（英国）	シカゴ
1985	2時間7分12秒	カルロス・ロペス（ポルトガル）	ロッテルダム
1988	2時間6分50秒	ベライン・デンシモ（エチオピア）	ロッテルダム
1999	2時間5分42秒	ハーリド・ハヌーシ（モロッコ）	シカゴ
2002	2時間5分38秒	ハーリド・ハヌーシ（米国）	ロンドン
2003	2時間4分55秒	ポール・テルガト（ケニア）	ベルリン
2007	2時間4分26秒	ハイレ・ゲブレシラシエ（エチオピア）	ベルリン
2008	2時間3分59秒	ハイレ・ゲブレシラシエ（エチオピア）	ベルリン
2011	2時間3分38秒	パトリック・マカウ（ケニア）	ベルリン
2013	2時間3分23秒	ウィルソン・キプサング（ケニア）	ベルリン
2014	2時間2分57秒	デニス・キメット（ケニア）	ベルリン

記録は縮み、その更新ペースも速くなってきている（データ5－5）。

デレク・クレイトンが69年に2時間8分33秒を記録してから、ハーリド・ハヌーシが2時間5分42秒と3分近くタイムを縮めるまで30年かかっているが、そこから14年までの15年間で同程度のタイム短縮を果たした。

記録更新が加速された原因として、まずアフリカの選手の台頭が挙げられるだろう。03年以降の最高記録保持者はケニアやエチオピアの東アフリカの国の出身者に集中しているし、08年以降のオリンピック、世界陸上の男子マラソンはすべて、アフリカの選手が3位までを独占している。

それから03年以降、最高記録はすべてベルリンマラソンで樹立されている。ベルリンマラソンのコースは高低差が20mとほとんどフラットであり、また9月という気候のよい時期に開催されるということもあって高記録が出やすいコースとして知られている。01年に高橋尚子が女性で初めて2時間20分の壁を破る2時間19分46秒という当時の世界最高記録をつくったのもベルリンマラソンである。また記録を狙う選手は、ペースメーカーを併走させてレースに臨むことが可能である。ペースメーカーの役割は、レース途中まで正確なラップタイムを刻むことにあると思われていたが、それ以上に風よけという役目のほうが重要だという。ある実験によると、単独で走ったときよりもペースメーカーが前後に2人並んで走れば、空気抵抗は9分の1にまで減るという。14年のベルリンマラソンでは30kmまでペースメーカーが併走、さらにはデニス・キメットとエマニュエル・ムタイが38kmまでデッドヒートを繰り広げる展開もあり、優勝したキメットが2時間2分57秒の最高記録をはじき出すことに成功した。

男子マラソンの記録が2時間の壁を超えられるかどうかについても、数々の議論がなされている。12年に*Journal of Applied Physiology*でミネソタ州の医師、マイケル・J・ジョイナーが「早ければ20年、遅くとも33年ごろには2時間の壁を超えることができる」との見解を示した。その一方で13年のベルリンマラソン後に「The science of sport」というサイトには、ロス・タッカーによる生理学的に2時間の壁は超えられないだろうとする理論が掲載された。当時の記録から2時間を切るまでは204秒を詰めなければならないが、これは1㎞あたり4・83秒も速く走る必要がある。さすがにそれは肉体的な限界によって達成できないのでは、というのがタッカーの見解である。ただ、この時点で「5年以内には2時間3分を切れるだろう」と予測しており、それは1年後に実現している。また「そこから2分を切るのは10年ほどで達成できるだろう」との見解も示しており、2時間1分台までは可能だとしている。

コラム　箱根駅伝――もっとも重要な区間は？

総合タイムの変遷

もはや日本の正月の風物詩となった東京箱根間往復大学駅伝競走、通称「箱根駅伝」。箱根駅伝の主催は関東学生陸上競技連盟。つまり参加できるのは関東の大学だけで、じつは箱根駅伝は一地方大会なのである。なお箱根駅伝で10位以内に入ると同年10月に行われる出雲全日本大学選抜駅伝競走に、3位以内に入ると11月に熱田神宮と伊勢神宮を結ぶコースで行われる全日本大学駅伝対校選手権大会に関東代表として出場できる。

関東では人気のあった箱根駅伝が全国的な知名度を獲得するようになったのは、日本テレビ系列で全国中継されるようになった1987年ごろから。92年以降は往路復路とも視聴率が20％を超え、2003年の復路（駒沢大学が優勝）では31・5％を記録している。

そんな箱根駅伝が始められたきっかけはなんと「アメリカ横断駅伝」。日本人初のオリンピック選手であり、「日本マラソン界の父」と称された金栗《かなぐり》四三《しそう》らが、「五輪で戦える長距離ランナーを数多く育成したい」と発案した「アメリカ横断駅伝」の代表選考会という位置づけで、箱根駅伝が開催されることとなったのである（結局、アメリカ横断駅伝が実現することはなかった）。なおその年の箱根駅伝の最優秀選手には金栗四三杯が授与される。

金栗らの呼びかけで東京都内の大学・専門学校13校が参加する予定だったが、10人の長距離ランナーを揃えることができたのは早稲田、慶應義塾、明治、東京高等師範（現　筑波大学）の4校のみ。結局第1回はこの4校によって20年2月14日に開催された。14日は土曜日だったので、午前中は講義をしっかりと受けたあと、午後1時に有楽町の報知新聞社前をスタート。7時間30分後、松明が灯るなか、明治が1着で箱根関所址に到着し、往路優勝を飾る。翌日の復路も独走を続けていた明治だったが、10区で東京高等師範が大逆転し、初代総合優勝の名を刻む。そのときの優勝タイムは15時間5分16秒であった。

その後、何度もコースが変更されたため、単純比較はできないが、総合優勝校のタイムはデータ①のように変遷し、現在は217・9kmのコースを10人の選手が10時間49分27秒（15年青山学院が記録）で走破するようになった。90年でじつに4時間強の時間短縮である。

総合成績に影響を与える区間は？

「花の2区」という言葉があるように、各チームのエースは2区を任されることが多い。それは23・2kmとほかの区間に比べて距離が長く、権太坂をはじめとする急勾配が多く立ちはだかる難コースだからである。またこの区間では「ごぼう抜き」がよく見られる。歴代の記録を見ても「ごぼう抜き」のトップ5は2区で起きており、最多は09年第85回大会でギタウ・ダニエル（日本大学3年）が達成した20人抜きである。

そこで2区が総合成績に与える影響をデータで示そうとしたところ、意外な事実が判明したのである。06年以降、総合優勝

データ①　総合タイムの変遷

	大会	記録	学校名
	第1回（1920）	15時間5分16秒	東京高等師範
15時間突破	第2回（1921）	14時間39分1秒	明治
14時間突破	第9回（1928）	13時間54分56秒	明治
13時間突破	第14回（1933）	12時間47分53秒	早稲田
12時間突破	第36回（1960）	11時間59分33秒	中央
11時間突破	第70回（1994）	10時間59分13秒	山梨学院
最高記録	第91回（2015）	10時間49分27秒	青山学院

チームが2区で区間賞をとった例はひとつもないのであるが、5区の区間賞は7回もある。

じつは06年に小田原中継所が東京寄りに変更となり、5区の距離が最長の23・4kmに延伸したのである。

またご存じのとおり、5区は最大高低差864mの箱根の山を登る区間であり、コース適性が必要となってくる。

2区でエースが揃うということは、裏を返せば、タイム差がそれほど大きくない区間であるということ。区間のタイムのばらつきを示す統計指標である標準偏差を計算すると、2区が95秒なのに対し、5区は194秒と倍のばらつきがある。つまり5区を走る選手の技量に大きな格差があることを示しており、この差が全体の順位に大きな影響を与えていると考えられる。さらにいえば、この区間に適性のある強い選手を置ける選手層の厚さがあるということもあるだろう。事実、06年以降、5区で区間賞を獲ったチームがすべて往路優勝を果たしている。

5区で抜きん出た走りを披露した選手は「山の神」と称される。初代・山の神は05年に5区を担当した今井正人（順天堂大学2年）で、11人抜きを達成し、当時の区間記録を大きく更新した際に命名されたとされる。以後、今井は4年生まで5区

データ②　総合優勝チームがその区間で区間賞をとった回数（2006〜2015年）

1区	2区	3区	4区	5区	6区	7区	8区	9区	10区
1	0	1	3	7	1	5	4	3	3

を走り、すべて区間記録、さらに3年連続金栗杯を獲得する活躍を見せた。

今井が卒業した2年後の09年に二代目・山の神を襲名するとんでもない1年生が現れる。柏原竜二（東洋大学）である。今井の記録を47秒上回る区間新記録、さらには8人ごぼう抜きの鮮烈デビューを果たし、東洋大学初の総合優勝に貢献し、自身も金栗杯を受賞する。その後も進化を続け、5区の区間記録の上位四つはすべて柏原によるものである（データ③）。主将として迎えた12年は区間新記録、そして大会新記録を樹立しての総合優勝、さらには3度目の金栗杯受賞とまさに「神懸かり」であった。

15年から5区の名所であった函嶺洞門《かんれいどうもん》が通行止めとなり、バイパスへとコースが変更になった（コース変更により、14年以前の記録は参考記録扱いとなる）。それに伴い新しいコースは23・2kmとなったが、依然最長区間であることには違いない。その新しい舞台に早くも新たな「山の神」が誕生することにな

データ③　5区の区間記録（参考）5傑（2006～2014年は23.4 km）

順位	選手名	記録	学校名	学年	年
1	柏原竜二	1時間16分39秒	東洋大	4年	2012
2	柏原竜二	1時間17分08秒	東洋大	2年	2010
3	柏原竜二	1時間17分18秒	東洋大	1年	2009
4	柏原竜二	1時間17分53秒	東洋大	3年	2011
5	今井正人	1時間18分05秒	順天堂大	4年	2007

※新コース（23.2 km）での区間新記録
神野大地　1時間16分15秒　青山学院大学　3年

る。青山学院大学3年の神野《かみの》大地である。新コースを1時間16分15秒で駆け上り、第4中継所の時点で首位だった駒沢を抜き、20回目の出場で初めて往路優勝に貢献した。青山学院は復路でも5区間中三つで区間賞、残りも2位という選手層の厚さを披露し、総合優勝も成し遂げた。

神野選手が「三代目・山の神」を襲名するかと思いきや、所属チームの原晋監督から意外な言葉が発せられる。

「山の妖精になりそう」

その端正な容姿に加えて、身長165㎝、体重43㎏というプロフィールが女性の羨望を集め、ネット上でそう呼ばれているのだとか。

第6章　スキージャンプ——伝説とドラマはいかに生まれたか

日の丸飛行隊の誕生

「その昔、ノルウェーには、囚人にスキー板を履かせ、山から突き落とす処刑法があった。それがスキージャンプの起源である」という俗説は、いまだに多くの方に信じられているようだ。実際は1840年ごろ、ノルウェーのとある地方での遊びが次第に競技化されていったというのが定説だ。そのとある地方の名前は「テレマーク」。ジャンプやクロスカントリースキーなどの、いわゆるノルディックスキーはテレマーク地方を中心に発達したといわれ、ジャンプにおける美しい着地姿勢を指す「テレマーク姿勢」の語源でもある。

データ6－1　1972年札幌オリンピック　日の丸飛行隊のスコア

		飛距離		飛型点	ラウンドスコア		計
1	笠谷幸生	84.0 m	69.6	57.0	126.1	1位	244.2
		79.0 m	61.6	56.0	117.6	1位	
2	金野昭次	82.5 m	67.2	53.0	120.2	3位	234.8
		79.0 m	61.6	53.0	114.6	2位	
3	青地清二	83.5 m	68.8	54.5	123.2	2位	229.5
		77.5 m	59.2	47.0	106.2	12位	
23	藤沢隆	81.0 m	64.8	53.0	117.8	4位	207.8
		68.0 m	44.0	46.0	102.3	46位	

なおスキージャンプはおもに飛距離を点数に換算する「飛距離点」とジャンプの美しさ、正確さ、着地姿勢を採点する「飛型点」を合算し、ジャンプ2本の総計で順位を競うのだが、このテレマーク姿勢は飛型点において大きなウエイトを占める。

冬季オリンピックでは1924年の第1回シャモニー大会から正式種目であったが、当時は1種目のみの開催でK点は71mだった。2種目となったのは64年の第9回インスブルック大会から。当時はラージヒルを90m級、ノーマルヒルを70m級と呼んでいた。そこから数えて三つ目の大会となる札幌オリンピックで、日本ジャンプ界の歴史を画する出来事が起こる。

それまで日本ジャンプ陣は第1回大会から選手団を送っているものの、オリンピックでは第4回ガルミッシュ・パルテンキルヘン大会の伊黒正次の7位が最高で、戦後は66年世界選手権での90m級で藤沢隆の2位があるものの、すべて2ケタ順位で終わっていた。そんななか、70年の世界選手権70m級で2位、71年のプレオリンピックで優勝、72年シーズンも欧州ジャンプ週間にて開幕から3連勝と絶好調だった笠谷幸生に脚光が浴びせられる。日本の期待を一身に背負いながら札幌オリンピックの70m級ジャンプ(K点86m)に挑んだ笠谷は1本目、最長不倒の84・0mをマーク、飛型点も最高点をたたき出し、いきなり首位に立つ。さらには青地清二が2位、金野昭次が3位、藤沢隆が4位と日本代表4人で上位を独占したのである。2本目は風の影響もあってか、すべての選手のジャンプが低調となり、とくに藤沢のジャンプは68mと大失速し、上位進出とはならなかったが、青地、金野、笠谷は2本目もなんとか揃え、3人で表彰台を独占するという快挙を成し遂げた(データ6-1)。この活躍により、スキージャンプ日本代表はいつしか「日の丸飛行隊」と呼ばれるようになったのである。

V字ジャンプで飛距離を伸ばす

その後、70年代後半から80年代中盤にかけて八木弘和、秋元正博らが牽引した日の丸飛行隊は、世界選手権やワールドカップなどでは勝利を収めてはいたが、オリンピックで成績を残せず低空飛行を続けていた。そんななか、世界のジャンプ界では、エポック・メイキングな出来事が起きていた。V字ジャンプである。

V字ジャンプは、86年にスウェーデンのヤン・ボーグレブがトライした飛型のことで、それまで美しい飛型は、スキー板が平行で、両手が体側にぴったり着く姿勢とされていた（ちなみにスキージャンプ黎明期では、両手をぐるぐる回したり、バンザイしたりする飛び方もあった）。しかしボーグレブが披露したジャンプは、当時「鳥人」と呼ばれたマッチ・ニッカネン（フィンランド）よりも飛距離を稼いだのである。ただ、飛型点では大きく減点され、当初はトータルで及ばなかった。しかしボーグレブはさらなる飛距離への執念で、ついには飛型点の減点を超える飛距離点を稼ぐほどまで磨き上げ、88／89年シーズンのワールドカップで総合優勝を果たすのである。

ここで、このV字ジャンプの効果を分析した研究報告を紹介する。

95年の*Journal of applied biomechanics*にて発表された神博氏らの論文によれば、クラシックスタイルとV字とでは、ノーマルヒルで平均10・5mの差になるというシミュレーション結果が出たとのこと。K点が90mの場合、10・5m飛距離が伸びれば、飛距離点は21点加算されることになる。飛型点における飛行中の減点幅は最大でも5点なので、V字ジャンプはプラスに大きく作用することになる。また安全面でもV字のほうが優れていることが科学的に証明され、91／92年シーズンからV字スタイルによる飛型点の減点が撤廃されることになる。92年のアルベールビル・オリンピックではV字の普及率は半分もなかったが、94年のリレハンメル・

オリンピックでは、ほとんどの選手がそのスタイルで挑んだ。

日の丸飛行隊の復活

90年代に入り、原田雅彦、岡部孝信、葛西紀明、西方仁也などの新戦力が加入した日の丸飛行隊は再上昇のきっかけを掴む。88年カルガリー・オリンピックから採用となった団体戦、そこから数えて3大会目となる94年リレハンメル・オリンピックで日本は、千載一遇のチャンスを迎える。

4人チームで各選手2本ずつ計8本の試技を行い、その合計点で競うラージヒル団体戦。メンバーは飛行順に西方、岡部、葛西、原田の4名。1本目が終了した時点で、日本は1位と0・8点差の2位につける（データ6－2）。

迎えた2本目、各チームが思うように飛距離を伸ばせないなか、西方と岡部が130m超えのスー

データ6－2　リレハンメルオリンピック　ラージヒル団体

◆1本目終了時の上位チームのスコア

		合計点
1	ドイツ	486.8
2	日本	486.0
3	オーストリア	472.0

◆2本目3人目終了時の上位チームのスコア

		合計点
1	日本	883.9
2	ドイツ	828.7
3	オーストリア	786.9

◆最終スコア

		合計点
1	ドイツ	970.1
2	日本	956.9
3	オーストリア	918.9

パージャンプを披露し、奪首に成功、2位となったドイツに66・5点の差をつける。続く葛西の2本目は120・5mと揃え、3人目を終えた時点で55・2点差の大量リード。この時点でトップの日本の4人目、原田は最終滑走となる。

2位のドイツは、エースのイェンス・バイスフロクが意地を見せ、135・5mの大ジャンプで141・4点をたたき出す。この時点でドイツと日本の得点差は86・2点。105mを超えれば余裕で獲得できるポイントだ。ところが、原田の2本目は、見る者の予想をはるかに下回る低空飛行。飛距離はまさかの97・5m。73ポイントのみの追加でドイツの後塵を拝したのである。日本にとって札幌オリンピック以来、22年ぶりとなるメダル獲得を達成するも、ブレーキングトラックには手で顔を覆いうずくまる原田の姿があった。

その4年後に行われた長野オリンピックでは、日の丸飛行隊が国中を歓喜させる飛躍を遂げ、オリンピック初出場ながらエース格の船木和喜がノーマルヒルで銀メダル、そしてそれまで日本の鬼門とされていたラージヒルで日本人初の金メダルを獲得する。彼の武器は「世界一美しい飛型」で、ラージヒル2本目ではオリンピック史上初、5人の審判がすべて20点をつけるという美しさであった。そしてこのラージヒルでは原田が個人として初めての銅メダルを獲得する。

さらに、岡部、斉藤浩哉、原田、船木で挑んだラージヒル団体においては、原田の1本目がリレハンメル・オリンピックの再現かのごとき大失速で、1本目終了時4位の元凶となるも、2本目はそれまでの屈辱をすべて晴らすかのごとき137・0mの最長不倒ジャンプを果たしついに首位に躍り出る。そして4人目の船木は安定の飛行で125mをマーク、ついに念願の金メダルを手にしたのだった。この快挙に日本中が熱狂し、テレビでは連日、日の丸飛行隊の映像が流れまくった。とくに原田が2本目を飛び終えたあとのインタビューゾーンで、感極まりながら「ふなき〜、ふなき〜」と声援を送るシーンは印象的であった。

レジェンド葛西の強さ

長野の熱狂で、日の丸飛行隊も安定飛行となるかと思いきや、度重なるルール変更への対応や、企業の支援の削減などに苦しみ、その後のオリンピックでは個人、団体ともメダルへの道は険しく、2002年以降の冬季オリンピック3大会で、団体は5位か6位、個人ではラージヒルで1人入賞するのがやっとの状態だった。

だが、そんな状況を打破するかのように、ソチ・オリンピックが開催される13／14年シーズンのワールドカップにおいて、開幕戦で団体3位、個人でも第6戦ノーマルヒルで竹内択が2位、第7戦ラージヒルでは伊東大貴が3位、そして88年16歳で国際大会に初出場して以来、キャリア26年目、41歳となった葛西が4位と好調の滑り出しを見せた。

葛西のオリンピック初出場は92年アルベールビル大会である。94年は団体で銀メダル、そして長野ではノーマルヒルで7位となるも、ラージヒル個人、団体ではメンバーから外れる。つまりここまでの競技生活で、世界選手権も含め、金メダルを手にしていないのである。その後も金メダルを追い求め、度重なる所属チームの廃部という憂き目に遭いながらも競技生活を継続する。長野オリンピック終了直後のワールドカップでは優勝6回、総合3位となり、03年の世界選手権のノーマルヒル個人では3位に入るなど、若手の台頭を凌駕する実績で日本のジャンプ界を牽引していった。しかしオリンピックでは結果を残せず、30歳を超えたあたりから、ワールドカップの優勝からも遠ざかる。しかしそれでもなお世界の第一線の舞台に立ち続ける姿に、世界の注目が集まるようになる。6度目のオリンピック出場となった10年のバンクーバー大会では、メダリストに勝るとも劣らない数の取材陣に囲まれるほどの注目ぶりだった。

そして14年1月、好調をキープする葛西はオーストリアで行われたワールドカップ個人第13戦フライングヒル（K点185m）で186m、187mの最長不倒で10シーズンぶりの優勝を果たす。

葛西のフォームは、改良を重ね、両腕を体側から離し、体全体で空気を押さえるようなスタイルである。このスタイルは滞空時に距離を稼ぐことができ、ノーマルヒルよりはラージヒルで効果が出やすい。

フライングヒルはオリンピックの種目ではないが、なにか吉兆を感じさせるに十分な飛行だった。41歳7カ月という史上最年長での優勝を果たしたことで、いつしか世界のファンやマスコミから「レジェンド」と称されるようになる。

そのレジェンド葛西が7度目のチャレンジとなるソチ・オリンピックにて、文字どおり「伝説」を残すことになる。得意のラージヒル個人の1本目で最長不倒の139・0mを記録する。これはポーランドのカミル・ストッフと同距離であったが、飛型点などで2・8ポイントの差がついて2位。2本目はストッフのポイントを上回るものの、及ばず2位。それでも16年ぶりに日本ジャンプ界にメダルを、しかも冬季オリンピックにおける日本人最年長でもたらすという偉業を成し遂げる。「伝説」はこれでおしまいではなかった。競技生活を始めたころにはまだ生まれていなかった20歳の清水礼留飛《れるひ》、そして竹内、伊東とともに挑んだラージヒル団体で銅メダルを獲得するという第2章までつくり上げたのである。

葛西はラージヒル個人で銀メダルを獲得した直後、「金メダルを取って本当にレジェンドと呼ばれたかったが、また金メダルという目標ができた」とのコメントを残している。それが団体で実現できていれば、伝説の完結だったのかもしれない。しかし葛西は夢を追い続け、14／15年シーズンでも、11月にワールドカップ個人第3戦ラージヒルで優勝し、最年長優勝記録を

42歳5カ月に伸ばした。18年に伝説の完結編は編纂されるのだろうか。

注目の女子ジャンパー

14年ソチ・オリンピックから、ジャンプ競技種目に「女子ノーマルヒル個人」が加わった。その金メダル最有力候補とされた日本人選手がいる。当時17歳の高梨沙羅である。152cmと小柄ながら、卓越した技術で飛距離を稼ぎ、14歳で挑んだHBCカップでは、大倉山シャンツェ（K点120m）の女子バッケンレコードとなる141mを記録している。

そんな彼女の最大のライバルであり、「憧れ」でもあるのが、2歳年上のサラ・ヘンドリクソン（米）。奇しくも同じファーストネームをもつ2人は、11／12年シーズンに創設された女子ワールドカップからしのぎを削ってきた。

ここで、スキージャンプの採点方法をおさらいしておこう。

10／11年シーズンから、これまでの「飛距離点」「飛型点」のほかに、「風点」と「スタートゲート点」が加わり、それらの総計で順位を競うようになった。「風点」は飛行時の風状況を加減算するもので、向かい風ならプラス、追い風ならマイナスとする。「スタートゲート点」は競技中に変化する風や天候により、安全確保のため運営側が変更するスタート位置の高さにより加減算する。

データ6－3　ワールドカップ11/12、12/13シーズンの沙羅とサラの対戦成績

シーズン	11/12		12/13	
	高梨沙羅	サラ・ヘンドリクソン	高梨沙羅	サラ・ヘンドリクソン
ワールドカップランキング	3	1	1	2
参戦数	9	13	16	16
優勝回数	1	9	8	3
2位	6	3	3	3
3位	0	0	1	3
飛距離点の平均	68.5	73.6	67.6	63.0
飛距離点の標準偏差	11.71	8.99	10.27	10.44
飛型点の平均	51.9	54.2	53.1	54.0
飛型点の標準偏差	2.73	2.29	2.01	2.17

※12/13第17戦はラージヒルのためデータから除外
※12/13第1戦は団体戦。日本2位、アメリカ5位

11／12年シーズンのワールドカップでは、サラが9勝、沙羅が1勝と大きく水をあけられた。その大きな要因は「飛型点」の差である（データ6－3）。

沙羅のジャンプは、飛距離は稼げるものの、大ジャンプになればなるほど飛行姿勢が崩れ、テレマーク姿勢もとれずに着地し、飛型点が伸びなくなる傾向にあった。しかしサラは飛距離が伸びても飛型点の減点は少なく、総点で沙羅を上回ることになる。

そこで沙羅陣営は12／13年シーズン当初、ある作戦を用いるようになった。このシーズンからスタートゲートをコーチの指示により、下げることが可能となったのだ。技術に長けた沙羅であ

れば、滑走距離が短くても飛距離は確保でき、飛行姿勢も安定する。しかも加点が期待できる。第5戦では2本ともゲートを2段下げたことによって12・4の加点がなされた。それでありながら飛距離は最長不倒を記録し、飛型も決まり、ダントツの優勝を飾った。ただ翌日の第6戦では3段下げの結果、飛距離が伸びず4位となり、戦略が裏目に出た格好となった。

しかし、このゲート作戦を使わずとも、シーズンを通じて飛型点が高値安定となり、その結果、シーズンで8勝をあげ、日本人初となるワールドカップ総合優勝を勝ち取ったのである。

シーズン終盤は、復調してきたサラに連敗するのだが、このとき沙羅陣営は、沙羅に有利に働くはずのゲート作戦を使用していない。これは、総合優勝を決めたあとの余裕というわけではなく、翌シーズンからこのルールが改正されることを見越してのことだった（実際、このルールは13／14年シーズンで撤廃されると思われたが、第8戦と第9戦の蔵王大会でコーチの指示によるゲート変更があったことが公式記録に記載されている）。

13／14年シーズンのワールドカップ開幕戦にサラの姿はなかった。夏に痛めた膝を手術した影響でオリンピック直前まで出場を控えるという方針をとったためだ。そんななか、沙羅は1本目に102m、飛距離点80を超える大ジャンプを披露したが、その飛型点は全選手の最高となる57・5を記録。成長の証を見せた沙羅にとって幸先のよいシーズン開幕となった。

その後、ワールドカップは沙羅の独壇場となった。開幕から4連勝を飾り、その時点でサラ

データ6－4　13/14シーズンのワールドカップの成績（ソチ・オリンピックの前まで）

ワールドカップランキング	1
参戦数	13
優勝回数	10
2位	2
3位	1
飛距離点の平均	70.7
飛距離点の標準偏差	6.73
飛型点の平均	53.8
飛型点の標準偏差	4.20

のもつ歴代最多勝利数13に並ぶ。14年に入っても快進撃は続き、オリンピック前までの13戦中で10勝を挙げ、通算勝利数も19に伸ばし、当時の葛西がもつワールドカップ通算16勝を上回ったのである（データ6－4）。

ソチ・オリンピックで初めてオリンピック競技として採用された女子スキージャンプ。初代女王の称号をかけて30人の女性ジャンパーが参加。そのなかには、怪我でシーズン前半の競技を離れ、このオリンピックにぶっつけ本番で挑むかつての沙羅のライバル、サラの姿があった。1番滑走で挑んだ試技ではかつての勇姿を彷彿ともさせない飛行で1本目19位に留まる。そうなると俄然、沙羅への期待は増すばかり。1本目の最終滑走で沙羅が登場。風を待つ。しかし沙羅に都合のよい風にならない。制限時間が迫る。ついに滑走。追い風0・36m／秒という30人中、もっとも恵まれなかった環境のなか、それでも飛距離を伸ばそうと踏ん張り100mまで記録を伸ばすが、テレマーク姿勢がとれず飛型点が伸びない。向かい風による補正で3・1の加点が付いたものの、それ以上に飛距離、飛型のマイナスは拭えず、1本目終了時点でまさかの3位となる。それでも首位とは2・7差、風を味方につければ逆転可能な差である。

データ6－5　2014年ソチ・オリンピック　女子ノーマルヒル

		飛距離		飛型点	風点	小計	計
1	C. フォクト（ドイツ）	103.0 m	76.0	53.0	－2.2	126.8	247.4
		97.5 m	65.0	53.0	2.6	120.6	
2	D. イラシュコ＝シュトルツ（オーストリア）	98.5 m	67.0	54.0	－0.8	120.2	246.2
		104.5 m	79.0	49.0	－2.0	126.0	
3	C. マテル（フランス）	99.5 m	69.0	56.0	0.7	125.7	245.2
		97.5 m	65.0	55.0	－0.5	119.5	
4	高梨沙羅	100.0 m	70.0	51.0	3.1	124.1	243.0
		98.5 m	67.0	50.0	1.9	118.9	

そして迎えた2本目、28番滑走の沙羅が挑む寸前、それまでの向かい風だった空気が一変、追い風に変わる。そんな状況のなか滑りだした沙羅の体は、それまでの沙羅とは違う軌跡をたどり失速。飛距離98・5mで、またもテレマーク姿勢がとれず、蔵王大会で転倒して35だったのを除けば、そのシーズンでもっとも低い50・0という飛型点となってしまった（データ6－5）。

結果は4位。ワールドカップでもなかった表彰台圏外である。予想外のまさかの結末に日本国中の誰もが驚き、沈痛な空気に包まれた。そんな失望の雰囲気のなか、敗因をしっかり分析しインタビューに答える沙羅の姿は凛《りん》としていた。

その後の沙羅は、ワールドカップの残りの5戦すべてで優勝。史上初のワールドカップ7連勝を達成。シーズン15勝も男子の大会を含めて史上最多。通算勝利数24と記録づくめでシーズンを終えた。金メダルは手にできなかったが、誰もが認める「絶対女王」の座に君臨した沙羅である。

14／15年シーズンも沙羅はワールドカップ6勝で最多勝となるもポイントでソチ銀メダリストのダニエラ・イラシュコ＝シュトルツ（オーストリア）の後塵を拝し総合2位となる。また世界選手権女子ノーマルヒルでは沙羅の4位を上回る日本人選手が現れた。2歳年上の伊藤有希が2位となり銀メダルを獲得したのである。本格復帰のサラがかつての飛びを披露できず沙羅に水をあけられている状況だが、新たなライバル出現は大きな刺激となることだろう。

コラム　圧倒的に後攻有利なカーリング

氷上で繰り広げられる駆け引き

「氷上のチェス」と称されるカーリング。ストーンを投じるデリバリーと呼ばれる動作の技術も重要であるが、シートの氷の状況を読む力や、刻一刻と変化するストーンの状況に対する戦略を構築する力も必要とされる競技である。そのため経験も重要とあってか、選手寿命が長く、ほかのオリンピック冬季競技よりも平均年齢が高くなっている。

女子日本代表が初めてオリンピック予選を通過して出場した2002年ソルトレイクシティ大会では、メンバー全員が25歳以下で出場チームの中でも若い部類であったが、14年のソチ・オリンピックでは、ソルトレイクシティ、トリノに出場した小笠原（旧姓 小野寺）歩、船山（旧姓 林）弓枝が復帰し、チーム平均年齢が出場10チームの中で5番目となった。彼女たちの経験が代表チームに加味されることとなった（ちなみにトリノ大会で女子代表チームが「カーリング娘。」とマスコミで称されるようになったのだが、14年のチームは「カーママ。」。この呼称に対し違和感を覚えたのは私だけではないはず。なお日本カーリング協会では「クリスタル・ジャパン」と呼んでほしいとアピールしている）。

カーリングは1チーム4人ずつ、1人2投、計8投のストーンを先攻、後攻が交互に約40m先にあるハウスと呼ばれる円にめがけて投げ、ハウスの中心であるティーに近いストーンを置いたほうがそのエンドの得点を獲得する。競技の性質上、エンドの後攻のほうが圧倒的に点を得やすい。それはデータからも明らかで、実際にソチ・オリンピックでの競技のスコアを見ると、先攻の平均得点が男子0・184、女子0・248に対し、後攻は男子1・094、女子1・132となっている（データ①）。

1エンドで3得点以上とるとビッグエンドとなるが、その確率は後攻で5〜6％、先攻では1％もない。なお先攻で得点をとることはスチールと呼ばれ、その確率は15％ほどである。

あるエンドで得点したチームは次のエンドで先攻となるため、先攻のチームは基本として、相手に1点をとらせ後攻となる次のエンドで大量得点を狙うという戦術をとることになる。また後攻チームも1点だけとって次のエンドの先攻となるよりも、あえてハウス内にストーンを残さず、両チーム得点なしとして、後攻をキープしたまま次のエンドを迎えるといった戦術もある。そういったさまざまな駆け引きが行われるのもカーリングの醍醐味である。なお後攻チームが0点となる確率は30%ほどだが、戦術による0点はその半分に相当する。

先攻のチームがスチールするための戦略はどのようなものだろうか。一般的なものは、1人目（リード）と2人目（セカンド）までがハウス前にガードを置き、それを後攻がはじいた際に残ったストーンを逆にガードとして利用し、3人目以降がその裏にストーンをハ

データ① ソチ・オリンピックにおける1エンドの平均得点

◆男子

	0	1	2	3	4	平均
先攻	408 (85.5%)	53 (11.1%)	13 (2.7%)	3 (0.6%)	0 (0%)	0.184
後攻	154 (32.3%)	162 (34.0%)	131 (27.5%)	22 (4.6%)	8 (1.7%)	1.094

◆女子

	0	1	2	3	4以上	平均
先攻	374 (82.2%)	55 (12.1%)	22 (4.8%)	3 (0.7%)	1 (0.2%)	0.248
後攻	144 (31.6%)	148 (32.5%)	128 (28.1%)	32 (7.0%)	3 (0.6%)	1.132

ウス内に置いていくという戦法である。なおソチ・オリンピックでは日本代表が金メダルのカナダ、銅メダルのイギリスに次いで3番目に多いスチールエンドを獲得している（データ②）。

チームの浮沈を握るのは何人目か

カーリングにおいて個人の評価指標として用いられているのはショットの成功率である。この成功率の算出方法をどのくらいの方がご存じだろうか。

各ショットに対して競技役員が、スキップの指示とそのショットの位置から0点、1点、2点、3点、4点のいずれかの点数をつけ、全ショットの合計点を（4×ショット数）で割った値を百分率で表したのが成功率である。すべてのショットが4点であれば、成功率100％となる。なお、ショットに対する得点で、スキップの指示どおりの特別に素晴らしいショットと認定されれば5点が与えられることがあり、さらに奇跡的なショットと認定されれば6点がつくこともある。そのため理論上、成功率が100％を上回ることもある。

ショット成功率のデータは、全ショットに対するものだけでなく、イン・ターン、アウト・ターン、テイクアウトなどの種類別に集計され、どういったショットが得意なのかを知ることが可能であり、

データ②　ソチ・オリンピックにおけるスチールエンド数

	チーム	スチールエンド
1	カナダ	14
2	イギリス	11
3	日本	10
4	デンマーク	9

その特性を知ったうえで戦略を立てることも重要である。

成功率は一般的にリードが高く、あとになるに連れて低くなるが、それは戦況の厳しさに比例して低くなるものと考えられる。なので、投げる順番を考慮せずに成功率を比較してもその選手の技能の優劣を比較することができないだろう。

では、各順番における成功率の比較を行い、どの順番の選手がチームの勝敗に影響を与えているかを考察してみよう。

まずは女子から。データ③では、予選リーグにおける順位と、各順番における成功率の順位を表している。リーグの順位と成功率の順位の相関係数を計算してみると、やはり4番目（フォース）の成功率の順位相関がもっとも大きいことがわかる。つまりチームの浮沈を握るのは、最後を任さ

データ③　ソチ・オリンピック予選リーグでのショット成功率の順位（女子）

リーグ順位	チーム	リード	セカンド	サード	フォース
1	カナダ	1	1	1	1
2	スウェーデン	6	6	5	2
3	スイス	10	7	4	5
4	イギリス	7	2	9	5
5	日本	9	9	7	8
6	デンマーク	8	4	8	9
7	中国	3	8	2	3
8	韓国	4	10	6	7
9	ロシア	2	3	3	4
10	アメリカ	5	5	10	10
順位相関係数		−0.212	0.261	0.345	0.606

れた選手のショットの良し悪しなのである。

この順位から見てもわかるとおり、カナダがすべての順番でショットの成功率が1位であり、力が抜きん出ている。ほかのチームに関しては、ショットの成功率はだんご状態と言えるかもしれない。そんななか、日本のショット成功率は平均すると高い順位であるとは言えないが、ゲームにおける勝負どころでのショットや戦略のよさによって5位というポジションを得たと想像する。

男子のデータではさらに顕著な数字となった(データ④)。

フォースの順位とリーグ順位の相関が0・9を超え、フォースの力量がチームの順位に与える影響がかなり大きいことがわかる。

さらに、勝利したチームにおける各順番の選手のショット成功率が相手チームの同じ順番の選手

データ④　ソチ・オリンピック予選リーグでのショット成功率の順位(男子)

リーグ順位	チーム	リード	セカンド	サード	フォース
1	スウェーデン	1	2	5	2
2	カナダ	2	5	3	4
3	中国	7	3	4	1
4	ノルウェー	6	1	1	3
5	イギリス	9	7	2	5
6	デンマーク	5	8	7	6
7	ロシア	8	9	10	8
8	スイス	3	4	6	7
9	アメリカ	4	6	8	9
10	ドイツ	10	10	9	10
順位相関係数		0.467	0.661	0.685	0.927

と比較して、上回っている確率を計算してみたところ、データ⑤のようになった。

このデータからも、フォースの力量が上回ったチームが勝ちやすいということがわかった。

ソチ・オリンピックで日本女子代表は、準決勝進出まであと1勝というポジションだった。ただ惜しむらくは、リーグ最下位のアメリカ戦での序盤におけるミスショットが響き、スチールによる2失点を喫し、後半にビッグエンドをつくれないまま逃げ切られた敗戦である。

日本浮上のカギは、ショットの成功率にあることはデータより明らかだが、さらに突っ込んで言えば、選手層を厚くすることも重要。ただ日本はカーリングの施設はもとより、スケートリンクの数自体が減少している状況のため、競技人口を増加させるには厳しい環境であるが、テレビ中継に適した競技であるという特性をもっとアピールに活用してはいかがだろう。なにせ現代スポーツとテレビ放映は密接な関係にあるのだから。

データ⑤　勝利チームのショット成功率が相手チームの選手より上回っている確率

	リード	セカンド	サード	フォース
男子	58.1%	71.1%	71.4%	73.9%
女子	55.1%	60.5%	58.7%	76.6%

第7章　フィギュアスケート——明暗を分けた技術点と演技構成

フィギュアスケートの起源

1972年、札幌オリンピックのフィギュアスケートで、尻もちをつきながらも終始愛くるしい笑顔での滑走で「銀盤の妖精」と呼ばれ、今も多くの日本人の記憶に残るジャネット・リン。でも彼女が獲得したメダルは銅。そのときの金、銀メダリストの名前がどうしても思い浮かばないのはなぜだろう（正解は金がオーストリアのベアトリクス・シューバ、銀がカナダのカレン・マグヌセン）。

そんなフィギュアスケートの「フィギュア」とは

「図形」を意味する。もともとフィギュアスケートとは、スケートのエッジを使って氷上にサークルやハートの図形を描く技術を指すものである。18世紀後半には、ヨーロッパ各国にてフィギュアスケートで図形を描くための指南書が発行されている。

19世紀に入ると、ヨーロッパではより難度の高い図形の創作に関心が集まり、それを競技化する方向に進んでいく。これがコンパルソリーフィギュアと呼ばれる競技へと発展した。一方、アメリカではヨーロッパからの移民によってスケートが伝わるのだが、興味は図形を描くことよりも、スケートにバレエのポーズやダンスのステップを取り入れて氷上で舞うことに注がれるようになった。それを最初に実践したとされるのが、バレエ教師のジャクソン・ヘインズである。ヘインズは渡欧し、オーストリアやドイツなどでエキシビジョンを行い、好評を博した。これが現在のフィギュアスケートにおけるフリースケーティングの始祖である。

19世紀末には世界選手権が始まり、1908年10月の夏季ロンドン・オリンピックにてフィギュアスケートが競技として採択されたのだが、そのときは男女シングル、ペア、そして氷上に競技者が創意工夫をこらした、複雑かつ精巧な幾何学模様を描くことを競うスペシャルフィギュアの4種目が実施された。またシングルはフリースケーティングとリンクの上に書かれた円や8の字の上を、片足でバランスを崩すことなく正しく滑走できるかを競うコンパルソリーの2部門を行い、その総合点で順位づけが行われた。

女子シングルの競技性を高めた伊藤みどり

このコンパルソリーは90年までオリンピックや世界選手権で実施されていた。当初はスケートの基本とされ、評価割合も6割とかなりのウエイトを占めていたのだが、69年に5割、73年にはショートプログラムの導入によって4割に削減されていく。さらには75年に国際スケート連盟（ＩＳＵ）総会で廃止の動議がなされるも存続、76年に3割、89年に2割まで落ち込む。その大きな要因は「競技が地味すぎる」ことであった。フリーが華やかな衣装に身を包み（衣装の色柄も芸術点の採点対象）、音楽に会わせて華麗に演技を行うのに対し、コンパルソリーでは、静かなリンクの上を地味な衣装で線上を滑走するという競技である。そのためテレビ中継はおろか、会場で観戦する客がほとんどというか、まったくいないという有様であった。

88年のカルガリー大会がオリンピック初出場の伊藤みどりは、このコンパルソリー競技を経験している。伊藤はコンパルソリーが苦手で、カルガリー・オリンピックではショートプログラムが4位、フリーが3位に対し、コンパルソリーは10位に留まっていた。当時の順位づけの方法は、順位点によってなされ、

（コンパルソリーの順位）×0・6＋（ショートプログラムの順位）×0・4
＋（フリープログラムの順位）

の値が小さいほうが上位になるようなしくみであった（同点の場合はフリーの上位が総合で上位となる）。この大会での伊藤の順位点は10・4で総合5位となり入賞を果たす。92年のアルベールビル大会からオリンピック競技でのコンパルソリーが廃止となり、順位点も

（ショートプログラムの順位）×0・5＋（フリープログラムの順位）

となったのだが、仮にカルガリーでコンパルソリーが廃止となっていたら伊藤の順位はふたつ上がり、銅メダル獲得となっていたはずだった（データ7－1）。

ただ89年の世界選手権では、課題数が減ったコンパルソリーで6位と踏ん張り、ショート、フリーで1位となった伊藤は、日本初、アジア初の世界チャンピオンの称号を得る。このとき伊藤はフリーで女子選手として初めてトリプルアクセルを成功させ、ひとつのプログラムで6種類の3回転ジャンプを決めるという偉業も残している。コンパルソリーが廃止になったあとに開催された92年のアルベールビル・オリンピックという大舞台でもトリプルアクセルを決め、待望の日本フィギュア界初となる銀メダルを獲得する。

伊藤の功績は、それまでの芸術性重視だった女子シングルにジャンプという魅力を付加し、フィギュアスケートの競技性を高めたことにある。そしてのちに日本のフィギュア界を担う佐

データ7-1　カルガリー・オリンピック　フィギュアスケート女子シングル順位表

			順位点	CF	SP	FS
1	カタリナ・ヴィット	東ドイツ	4.2	3	1	2
2	エリザベス・マンリー	カナダ	4.6	4	3	1
3	デヴィ・トーマス	アメリカ	6.0	2	2	4
4	ジル・トレナリー	アメリカ	10.4	5	6	5
5	伊藤みどり	日本	10.6	10	4	3

◆もしコンパルソリーがなければ

			順位点	SP	FS
1	エリザベス・マンリー	カナダ	2.5	3	1
2	カタリナ・ヴィット	東ドイツ	2.5	1	2
3	伊藤みどり	日本	5.0	4	3
4	デヴィ・トーマス	アメリカ	5.0	2	4
5	ジル・トレナリー	アメリカ	8.0	6	5

（ショートプログラムの順位）×0.5＋（フリープログラムの順位）で計算

藤有香、村主《すぐり》章枝《ふみえ》といった選手の発掘に大きく寄与した。さらに2006年のトリノ・オリンピックで荒川静香が果たした日本人初の金メダル獲得につながる布石となったのである。

日本フィギュアの選手層を厚くした野辺山合宿

14年2月に開催されたソチ・オリンピックのフィギュアスケート・シングルに出場できる日本の選手枠は男女ともに3だったが当時はその枠には収まりきれないくらい、世界レベルの選手が、まさに群雄割拠の様相を呈していた。とくに男子選手の充実ぶりは目を見張るものがあった。10年バンクーバー・オリンピック銅メダリストの高橋大輔、12年世界選手権銅メダリストで、高い柔軟性からビールマンスピンやレイバックイナバウアーを技にもつ羽生結弦《はにゅうゆづる》、表現力には定評があり、13／14年シーズンのグランプリシリーズ第1戦で4回転3回転のジャンプやスピンなどの技がほぼノーミスで優勝を飾った町田樹《たつき》、さらには小塚崇彦、無良《むら》崇人、織田信成といった、当時特別強化選手に指名されていたトップ選手に加え、中村健人《けんと》、田中刑事、佐々木彰生、日野龍樹、宇野昌磨《しょうま》といった当時強化選手Aの面々も十分に代表入りの可能性があった。

この選手層の厚さの要因は、92年から日本スケート連盟が主催して行われている全国有望新人発掘合宿、通称「野辺山合宿」にあるという。この合宿の1期生には、02年ソルトレークシティ・オリンピックで4位、直後の世界選手権で佐野稔以来、25年ぶりの銅メダルを獲得した本田武史、そして荒川などがいる。

羽生結弦に金メダルをもたらした演技構成

選考の結果、ソチ・オリンピックの男子シングルの代表には高橋、羽生、町田の3選手が選出された。ショートプログラムでは、羽生が史上初の100点超えとなる101・45をたたき出し高橋や町田、さらにはパトリック・チャン（カナダ）といったライバルを抑え首位に立つ。フリーでの羽生は前半にジャンプのミスが続いたものの後半に巻き返し、フリーで178・64

をマークし総合280・09でフィニッシュ。あとに滑走したチャンにプレッシャーをかける。そのときの点差は182・57。チャンのパーソナルベストが196・75なので逆転のチャンスは十分にあった。チャンは最初のコンビネーションのジャンプを決め、逆転もあり得るかと思った矢先、金メダルへの重圧からかふたつ目のジャンプからことごとくミスを連発。結局フリーでも羽生を超えることができず、銀メダルに終わる。羽生は男子シングルで日本人初の金メダルを獲得したのである。

じつはこの展開を、羽生のコーチであるブライアン・オーサーは事前に想定していたかのようなプログラム構成を作成していたのである。

現在のルールでは、プログラムの後半に行うジャンプについては、基礎点の1・1倍が加点されることになっている。ここで両者のフリーの演技構成を見てみよう（データ7－2）。

羽生もチャンも後半にジャンプを四つ入れた構成になっているが、羽生の場合、難易度の高いアクセルからトウループへのコンビネーションジャンプふたつを含む、高得点を狙える三つのコンビネーションジャンプをすべて後半に入れるというかなりリスキーな構成となっている（前半にコンビネーションを入れておけば、もしそこで失敗しても後半のどこかのジャンプをコンビネーションにしてリスクを回避できるのだが、後半だけだとそのリカバリーができなくなる）。これは羽生のスタミナを勘案して勝負をかけたプログラムである。また前半にミスを

データ７－２　ソチ・オリンピックでの演技構成

羽生結弦		パトリック・チャン	
演技構成	基礎点	演技構成	基礎点
4S	10.50	4T＋3T	14.40
4T	10.30	4T	10.30
3F	5.30	3A	8.50
ステップシーケンス		ステップシーケンス	
FCCo スピン		FS スピン	
3A＋3T	12.60×1.1＝13.86	3Lz＋1Lz＋2S	7.80×1.1＝8.58
3A＋2T	9.80×1.1＝10.78	3Lz	6.00×1.1＝6.60
3Lo	5.10×1.1＝5.61	3Lo	5.10×1.1＝5.61
3Lz＋1Lo＋3S	10.70×1.1＝11.77	3F＋2T	6.60×1.1＝7.26
3Lz	6.00×1.1＝6.60	Cc スピン	
コレオシーケンス		3A	3.30×1.1＝3.63
FCS スピン		コレオシーケンス	
CCo スピン		CCo スピン	
技術点の基礎点（ジャンプのみ）	74.83	技術点の基礎点（ジャンプのみ）	64.88

3：3回転、4：4回転、A：アクセル、Lz：ルッツ、S：サルコウ、F：フリップ、Lo：ループ、T：トゥループ、FCCo：フライング足換えコンビネーション、FS：フライングシット、FCS：フライング足換えシット、CCo：足換えコンビネーション
※ステップやスピンの基礎点は演技中に認定されたレベルによって変動する。

しても後半に大きく加点して前半のロスを取り戻せるという利点もある。

実際の採点結果を見てみよう（データ7－3）。まず前半三つのジャンプを終えた時点で、チャンは羽生を8・72点上回っていた。なおGOE（Grade of Execution）とは、各演技要素に対し、その出来映えをプラス3からマイナス3の範囲で加減点するものである。

羽生は最初の4回転サルコウで転倒、3回転フリップでも着氷失敗と前半で大きなミスをふたつ犯した。しかし大きな加点が期待できる後半において、羽生は体力的に苦しいなか、アクセルからトウループのコンビネーションジャンプふたつを決める。3連続のコンビネーションでは最後のサルコウが認定されず加点できなかったが、チャンも後半に加点できず、最終的には技術点で羽生がチャンを4点以上上回った。また演技構成点ではチャンが羽生より2点近く優ったのだが、総合で羽生が僅差ながら勝利したのである。

この結果は、ルールと羽生の体力を熟知したオーサーコーチによる演技構成と、その演技をまっとうした羽生の精進の賜物だろう。

ちなみにこのフリー演技での技術点の最高は、4位に入賞した町田がマークしていることを加筆しておこう。

データ7－3　技術点の内訳

羽生結弦			パトリック・チャン		
演技構成	基礎点	GOE	演技構成	基礎点	GOE
4S	10.50	−3.00	4T＋3T	14.40	3.00
4T	10.30	2.14	4T	10.30	−1.57
3F	5.30	−1.90	3A	8.50	−2.57
前半3つのジャンプまでの技術点の小計	23.34			32.06	
ステップシーケンス	3.30	1.00	ステップシーケンス	3.90	2.00
FCCoスピン	3.50	1.00	FSスピン	3.00	1.00
3A＋3T	13.86	2.43	3Lz＋1Lz＋2S	8.58	0.50
3A＋2T	10.78	0.29	3Lz	6.60	1.20
3Lo	5.61	0.30	3Lo	5.61	0.00
3Lz＋1Lo＋Seq	5.72	−0.30	3F＋2T	7.26	0.60
3Lz	6.60	1.20	Ccスピン	2.80	0.86
コレオシーケンス	2.00	1.60	3A	3.63	−1.00
FCSスピン	3.00	0.79	コレオシーケンス	2.00	1.80
CCoスピン	3.00	0.64	CCoスピン	3.00	0.00
技術点	89.66		技術点	85.40	
演技構成点	90.98		演技構成点	92.70	
減点	−2.00		減点	0.00	
	178.64			178.10	

浅田真央は悲運のヒロインか

野辺山合宿に11歳のときから姉と一緒に参加、05／06年グランプリシリーズでは第4戦優勝、総合でも2位の成績を残しながらも、「オリンピック前年の6月30日までに15歳以上」という国際スケート連盟が定めた年齢制限に87日足りないという理由でトリノ・オリンピックに出場できなかった浅田真央。余談だが、84年のサラエボ・オリンピックにおいて、伊藤みどりはまだ13歳だったため、原則として年齢制限により出場資格がなかった。ただ当時は「オリンピック開催年に世界ジュニア選手権で3位以内に入れば資格を与える」という特例措置があったため、その年の3位に入った伊藤に出場資格が与えられた。ただオリンピック出場権1枠をかけた日本選手権で2位となったため、オリンピック出場は叶わなかった。そう考えると、当時の浅田に対する協会の処遇に疑問を感じる。

14／15年シーズンから長期休養中ではあるが、日本女子フィギュアのエース的存在である。そんな彼女の得意技はトリプルアクセル。アクセルジャンプはフィギュアスケートの六つのジャンプ技のなかでもっとも難易度が高い技である。その要因は唯一前向きに踏み切ることにあるという。そのため回転数は3回転半とほかのジャンプより半回転多く難易度が上がる。女子選手で最初に世界大会で成功させたのは前にも述べたとおり、88年の伊藤みどりで、それから27年の間、トーニャ・ハーディング（米）、中野友加里、リュドミラー・ネリディィナ（ロシア）、エリザベータ・トゥクタミシェワ（ロシア）、そして浅田の計6名しか成功させていない。つまり女子選手にとってトリプルアクセルは「至難の技」といえよう。そのジャンプを浅田は13歳のときにジュニア世界大会で成功させている。

15年現在の採点法において、トリプルアクセルの基礎点は8・5で、次に難易度が高いとされるルッツジャンプの3回転の基礎点は6・0という配点となっている。ただこの点数設定が浅田に有利に働いているとは到底思えないのである。

浅田のオリンピック初出場となった10年バンクーバー・オリンピックでトリプルアクセルからのダブルトウループの連続ジャンプを決めているが、15年現在の採点だと基礎点は8・5＋1・4＝9・9。それに対し、トリプルルッツからのトリプルトウループの連続ジャンプを決めれば、6・0＋4・1＝10・1と上回る。女子選手にとってトリプルアクセル単体でも至難の技なのに、そこからの連続ジャンプを決めたとしても、それで基礎点が大きく増加し、他を圧倒するというわけではない。さらに各要素にはGOEによる加減点が行われる。15年現在の採点方式で、ジャンプに高いGOEがつくための条件は、「高く、遠くへ飛ぶこと」とのこと。伊藤みどりのように高さのあるトリプルアクセルであれば、高いGOEが期待できるが、浅田のように高速回転によるトリプルアクセルには高いGOEがつきにくい。それどころか13年世界選手権フリーでのトリプルアクセルには、マイナス2・14という減点のGOEがついてしまった。また浅田はルッツジャンプにおいてエラーエッジ判定されることが多く、それでGOEもマイナスとなる傾向にある。よって、技術の基礎点が、参加選手のなかでもっとも高いのにもかかわらず、総合評価が押さえられてしまうのである。

ソチ・オリンピックの前哨戦となる13／14年グランプリシリーズ第1戦でも、ショートプログラムのトリプルアクセルのGOEがマイナス1・43だったため、要素の得点が7・07、フリーでは回転不足のため、基礎点6・00にGOEマイナス3・00で計3・00。トリプルルッツもエラーエッジで6・00－1・00＝5・00。それでもトータルの得点は、2位に11点以上引き離す204・55でぶっちぎりの優勝。それだけスピンやステップといったほかの技や、演技の構成、芸術性の高さが評価されている証拠ではあった。続く第3戦のNHK杯でもフリーでのトリプルアクセルが回転不足で6・00にGOEマイナス1・43、ルッツもエラーエッジという同様の判定がなされ、ジャンプの得点はいまいち伸びなかったが、それでもトータル207・59のシーズンベストで優勝。グランプリファイナルはシーズン中に発症した腰痛の影響もあってか、フリーでトリプルアクセルに2度チャレンジしたが、1度はジャンプが回転不足と判定され、2本ともGOEもマイナスだった。それでも204・02という高得点で優勝を果たす。

このシリーズを通じて、浅田のジャンプに対するGOEは低評価であり、もしこれらのGOEのマイナスがプラスに転じれば、すべて215点を超えることが期待できたわけで、ソチ・

データ7－4　2013年世界選手権女子シングル　フリーの技術点

フリー順位	選手名	技術点	基礎点	GOE
1	キム・ヨナ	74.73	58.22	16.51
2	浅田真央	65.96	62.30	3.66
3	C. コストナー	61.34	50.75	10.59
4	リ・ジジュン	69.41	60.60	8.81
5	G. ゴールド	65.22	60.31	4.91

オリンピックで悲願の金メダル獲得も夢ではなかったはずだった（データ7－4）。

だが、勝利の女神は浅田に微笑んでくれなかった。

ソチ・オリンピック女子シングルのショートプログラムで、冒頭のトリプルアクセルで転倒、続くトリプルフリップも回転不足、そしてコンビネーションジャンプがダブルループのシングルジャンプとなり大きく減点、まさかの16位の大崩れである。気の毒なほど画面に大写しされる浅田の表情は哀しいほど蒼白であった。しかし気持ちを切り替えて臨んだフリーで浅田は、「オリンピックの舞台で6種類8回の3回転ジャンプすべてで着氷」という女子フィギュア初の快挙を果たし、フリーのパーソナルベストとなる142・71をマーク、トータルで6位入賞となった。

ただプロトコルと呼ばれる採点表を見ると、最初のトリプルアクセルに対するGOEは0・43、ほかのジャンプでもGOEが1を超えるものがないという判定であった。そのため、女子としてすべての3回転ジャンプにチャレンジし成功させた類いまれなる

データ7−5　2014年ソチ・オリンピックの女子シングル　フリーの技術点

フリー順位	選手名	技術点	基礎点	GOE
1	A. ソトニコワ	75.54	61.43	14.11
2	キム・ヨナ	69.69	57.49	12.20
3	浅田真央	73.03	66.34	6.69
4	C. コストナー	68.84	58.45	10.39
5	G. ゴールド	69.57	60.64	8.93

技術を披露しても、浅田の技術点は、その基礎点が5点も低いソトニコワ（ロシア）の技術点よりも低くなっている（データ7−5）。

そんなオリンピックの1カ月後に日本で開催された世界選手権で、浅田は何かが吹っ切れたかのように躍動した。ショートプログラムは歴代最高の78・66をマーク、圧巻は冒頭に成功させたトリプルアクセルでGOEが1・86というきわめて高い評価点が加算されたことである。ほかの2本のジャンプにも1を超えるGOEが加点されていた。本人にとっても快心の出来だっただろうし、何よりもジャッジからそれをしっかり評価されたことで、どれだけの真央ファンが溜飲を下げたことだろう。

フリーでも138・03、合計216・69のパーソナルベストで日本人最多の世界選手権3度目の優勝を果たす。

浅田は14／15年シーズンをフルで休養し、競技会には一切出場しなかった。浅田の去就も気になるところだが、女子フィギュア界にも新星は現れてきている。14年の第82回全日本フィギュアスケート選手権で16歳ながら女子シングル優勝を果たし、15年の世界選手権で銀メダルを獲得した宮原知子《さとこ》、14／15年グランプリシリーズに初参戦し、第4戦のロステレコム杯で優勝、グランプリファイナルにも出場を果たした15年世界選手権6位入賞の本郷理華、さらに21世紀生まれのジュニアスターとして全日本3位となったジャンプが武器の樋口新葉《ふたば》、豊かな表現力が魅力の本田真凜《まりん》などが挙げられる。

次回の18年平昌オリンピックのとき、浅田は27歳。ソチ・オリンピックでカロリーナ・コストナー（イタリア）が女子シングルで銅メダルを獲得したときの年齢に等しく、メダル獲得のチャンスがないわけではない。そこまで現役を続行するという道を選択したなら、次こそ勝利の女神には彼女のそばに寄り添ってほしいと願う。

もし、現役を退く決断をしたとしても、ファンの心には快心の演技のあとに観客に振りまく愛嬌ある笑顔が永遠に焼き付いていることだろう。そう、あのジャネット・リンのように。

コラム　インコースとアウトコースで有利なのは？——スピードスケート

オリンピックにおける日本選手の活躍

　日本におけるスピードスケートの先駆者は、黒岩彰であろう。１９８３年の世界スプリント選手権の５００ｍで日本人初の優勝を飾ったことで、翌年のサラエボ・オリンピックでは金メダルの最有力候補とされていた。だが、当時は屋外リンクでの開催のため、天候不順による進行の遅延があったり、さらには、国民の期待を一身に背負っての一発勝負に対するプレッシャーがあったりという状況のためか、10位という結果に終わってしまう。そのような状況のなか、伏兵とされていた北沢欣浩《よしひろ》が快走し2位、日本スケート史上初のメダルを獲得する（データ①）。

　過剰な期待がプレッシャーとなって結果を残せなかった黒岩彰だったが、4年後のカルガリー・オリンピックで銅メダルを獲得しリベンジを果たす。この礎があってか、長野オリンピックまで6大会連続で日本はメダルを獲得している。ちなみに黒岩彰をはじめ、92年アルベールビル・オリンピックで５００ｍの銀メダルを獲得した黒岩俊幸など、当時のスピートスケート競技では「黒

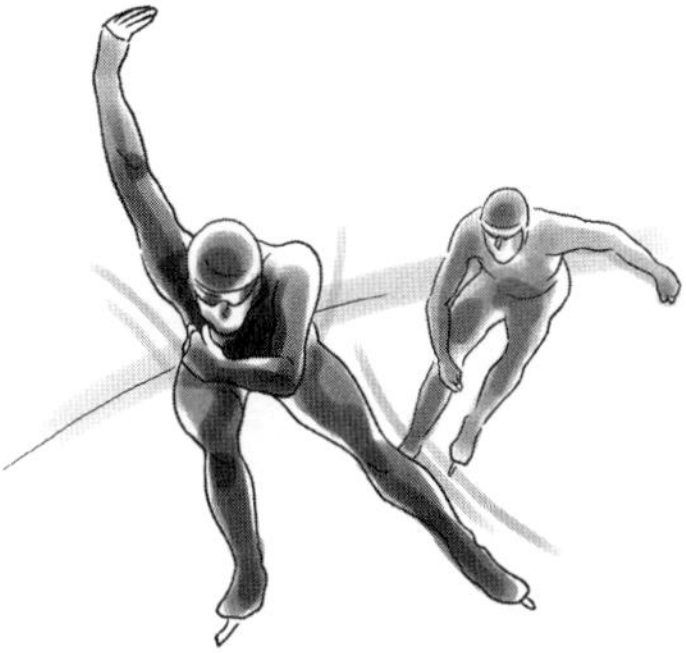

岩」姓の選手が多数活躍していたが、彼らはみな、群馬県嬬恋《つまごい》村出身である。

26年ぶりの日本での開催となった長野オリンピックでのスピードスケート界に「スラップ旋風」が巻き起こる。従来のスケート靴は爪先とかかとの2カ所でブレードが固定されていたが、氷を蹴ると、爪先を支点としてかかとの部分でバネの力によってブレードが着脱できるタイプの靴が96年ごろにオランダで開発され、この靴を使った選手の記録が飛躍的に伸びる現象が起きた。ブレードが氷に接する時間を長くし、力を伝えやすく

データ① 五輪での日本代表選手の成績

	メダリスト	備考
1984 サラエボ	北沢欣浩（500 m 銀）	・日本初のメダリスト
1988 カルガリー	黒岩彰（500 m 銅）	・五輪初の屋内リンクでの開催 ・橋本聖子が女子全種目で入賞
1992 アルベールビル	黒岩俊幸（500 m 銀） 井上純一（500 m 銅） 宮部行範（1000 m 銅） 橋本聖子（1500 m 銅）	
1994 リレハンメル	堀井学（500 m 銅） 山本宏美（5000 m 銅）	
1998 長野	清水宏保（500 m 金） 清水宏保（1000 m 銅） 岡崎朋美（500 m 銅）	・500 m が 2 本勝負に ・スラップスケートの登場
2002 ソルトレイクシティ	清水宏保（500 m 銀）	・白幡圭史が 10000 m で 4 位入賞
2010 バンクーバー	長嶋圭一郎（500 m 銀） 加藤条治（500 m 銅） 女子チームパシュート銅	

なるからである。とくにカーブ時におけるスピードのロスが少なくなったとされる。また足首の可動域が広く、疲れにくいという利点もある。しかしスタート時の加速は固定式よりも劣るという欠点もあったため、短距離を得意とする日本の選手は導入するかどうかで迷っていた。

しかし清水宏保は、スラップを使いこなせるとの自信があったため、早急に導入せず、時期を見計らって履き替えることに成功。小柄な体格ながら強靱な足腰を原動力とするロケットスタートを武器に、500mの世界記録を次々と更新し、長野オリンピックの500mで日本スピードスケート初の金メダルを獲得する。

インとアウトで差はあるのか

その長野オリンピックから500mは2回滑って、その合計タイムで順位を決することとなった。スタートがインかアウトかで有利不利があるとされたためである。インコーススタートは最初のコーナーでインからアウトに出るため加速しやすく、最終コーナーは半径の大きいカーブでスピードのロスを少なくすることができるのに対し、アウトコーススタートでは、最終コーナーのカーブがきついため減速を余儀なくされるから、というのが通説だ。しかしアウトコースのほうが、バックストレートでインの選手の背中を追え、スリップストリーム現象が有利に働くという説もある。そこで、データからそれを検証してみよう。

データ②は、ソチ・オリンピックにおける500mのイン・アウトの平均タイムと、2本目のレースで1本目よりも記録を伸ばした選手の割合を示している。

このデータからは、男子においては、アウトコースでのタイムのほうがよいように見受けられ、1本目インで2本目アウトの場合、タイムを伸ばした選手が6割弱なのに対し、1本目アウトで2本目インの場合、3分の1しかタイムを短縮していない。女子のほうでは、どちらにおいても

データ②　2014年ソチ五輪500mでのイン・アウトの平均タイム

◆男子

	1本目インコーススタート	2本目アウトコーススタート
平均タイム	35.34秒	35.30秒
タイムを短縮した選手	19人中11人（57.9%）	

	1本目アウトコーススタート	2本目インコーススタート
平均タイム	35.28秒	35.39秒
タイムを短縮した選手	18人中6人（33.3%）	

◆女子

	1本目インコーススタート	2本目アウトコーススタート
平均タイム	38.81秒	38.70秒
タイムを短縮した選手	17人中11人（64.7%）	

	1本目アウトコーススタート	2本目インコーススタート
平均タイム	38.61秒	38.61秒
タイムを短縮した選手	17人中11人（64.7%）	

（平均タイムの算出には、アクシデントでタイムロスした選手の記録は除く）

2本目のほうがよい成績を残す率が等しく、タイム差もそれほどあるわけではない。
バンクーバー・オリンピックでのデータでも、明確な差を見つけることはできなかった。これはスラップスケートによって高速でカーブできる技術を身につけたため、イン・アウトにその差がなくなったからではないかと推測される。

オランダの強さの背景は？

ソチ・オリンピックにおいて、圧倒的な強さを見せた国がある。授与されるメダルの総数32のうち、23を獲得したオランダである（データ③）。男子500mをはじめ4種目でなんと金銀銅を独占したのである。もともとオランダはスピードスケートの強豪国で、長野オリンピック以降、メダル獲得数1位を堅守している。さらにいえば、国内に張り巡らされた運河が氷結することで、天然のスケートリ

データ③　2014年ソチ・オリンピックでのオランダの成績

種目	男子	女子
500 m	金　銀　銅	銅
1000 m	金　銅	銀　銅
1500 m	銀	金　銀　銅
3000 m		金
5000 m	金　銀　銅	銀　銅
10000 m	金　銀　銅	
団体パシュート	金	金

（メダル総計23、取得率71.9％）

ンクが出来あがり、その上を交通手段としてスケートするのが冬の日常という土地柄も、スケート人気の礎となっている。

長距離種目でのメダル獲得が主だったオランダだが、この大会では苦手とされていた短距離でも他国に圧倒的な差を見せた。男子500mの表彰台を独占した双子のムルダー兄弟とスメーケンスはいずれも、インラインスケートで名を馳せた選手で、短距離強化を狙うオランダのスピードスケート界のオファーを受けスピードスケートに転向し、大仕事をやってのけた。

またこれまでのナショナルチーム主体の強化法ではなく、クラブチームごとに強化を行い、激しい競争状態のなかから代表選考することで、距離特性に見合った強化ができるという。

日本の長嶋圭一郎、加藤条治がソチ・オリンピックで記録したタイムは決して悪くなく、むしろよい部類のタイムであった。しかしそれ以上のパフォーマンスをオランダの3選手が披露した。日本だけでなく、次回の冬季オリンピックが開かれる韓国、さらにはアメリカ、カナダ、ドイツといったスケート強豪国が、「打倒オランダ」に向けて強化を行っている。

陸上では長距離で成績を残している日本だが、スピードスケートでは長距離で芳しい成績を残せていない。ストライドの長さや体格差が原因とされてきたが、持久力に優れた日本人の特性を活かした滑走法の開発で、ぜひ中長距離でも世界と戦える選手を発掘していただきたいと願うばかりである。

ちなみに、大昔のスピードスケートは、現在のショートトラックのように何人もの選手が一斉にスタートして1位の人が優勝というレース形式であったが、レース序盤は各選手が牽制しあい、のろのろと滑走。最後の1周あたりで全力を出すというかたちになってしまう。それではスピードを競うスケート競技として似つかわしくないのではということで、2人ずつ滑走してタイムを競う形式となったという史実がある。しかし、５０００ｍや1万ｍなどの長距離種目においては、2人だけのレースが延々と行われ、しかもそれが何本も繰り返されることとなり、テレビ中継に向かないとのことで、また一斉スタートに戻そうとする動きがあるようだ。では序盤の牽制をどのようにして解消するのかといえば、たとえば１０００ｍごとのようにチェック地点を設けて、地点ごとに1位通過の人は10ポイント、2位の人は9ポイントというかたちにし、それの累計が高い人が優勝という形式にするという。とにかく、それがゲームデザインとして有効なのか定かではないが、20人がリンクを走る姿は圧巻でテレビ向きであることは間違いないだろう。

第8章　大相撲――大横綱は格下にめっぽう強い

相撲人気を支える新人力士

大相撲が人気回復の兆しを見せている。平成26年夏場所で29回目の優勝を飾るも、翌日の定例記者会見を欠席した横綱・白鵬に対し、マスコミはいろんな疑念を浴びせたのだが、1週間後に掲載された横綱のブログの文章に、多くの相撲ファンは心打たれることになる（白鵬のブログは下記のアドレスで読むことができる。http://ameblo.jp/hakuho-69/entry-11871576460.html）。

これによって白鵬は心技体揃った横綱らしい横綱で

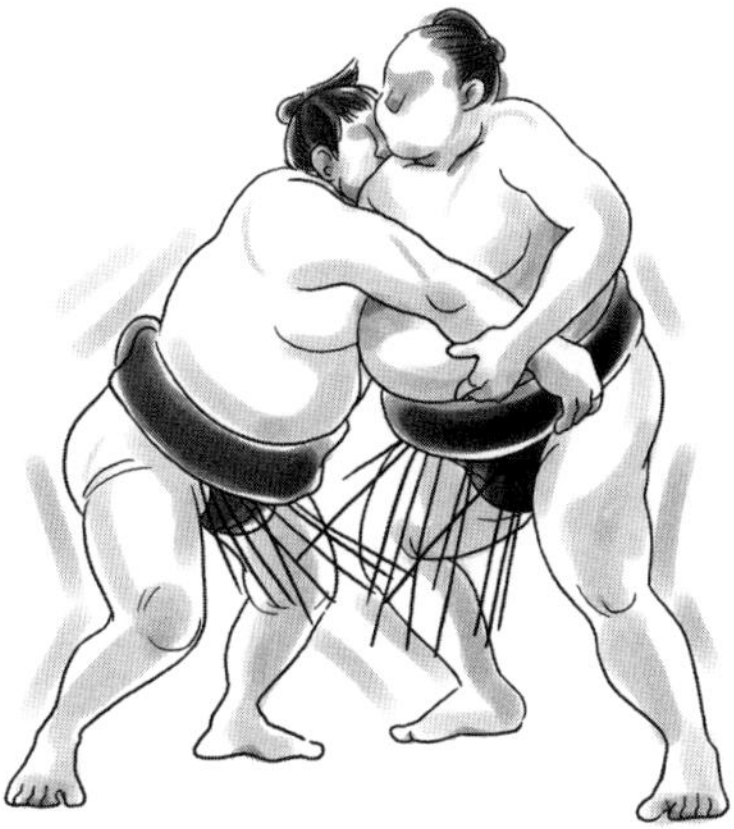

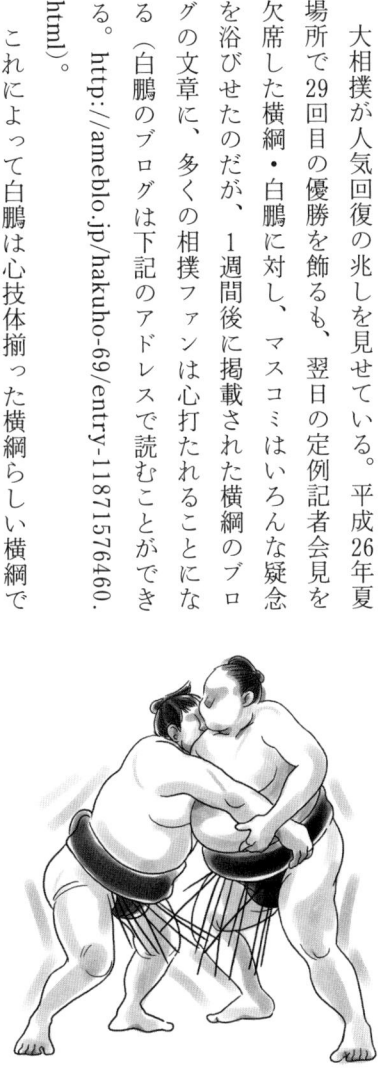

あるとの評価を確固たるものとした。そんな白鵬を中心に、平成27年4月現在、3人の横綱と3人の大関がしのぎを削り、さらには遠藤を筆頭に、エジプト出身の大砂嵐、ブラジル出身の魁聖、史上8組目の親子幕内力士となった佐田の海、怪物・逸ノ城、そして平成27年春場所で準優勝し、大関候補一番手に躍り出た急成長の照ノ富士といった新進気鋭の力士たちが番付上位に進出し、角界は活気を帯びてきている。その証拠に平成26年は、貴乃花と曙が角界を席巻していた平成9年以来17年ぶりに平日の国技館で「大入り」「満員御礼」が出るほどの盛況ぶり。春場所、夏場所、名古屋場所で10度、秋場所で14度、不入りが常態化していた九州場所でも7度「大入り」を記録した。

とくに人気を集めているのが遠藤と逸ノ城、そして照ノ富士だ。

遠藤は、平成25年に日本大学の相撲部から追手風部屋（師匠は大学の先輩でもある元大翔山）に入門し、春場所幕下付出でデビュー。幕下を2場所で通過したあと、新十両の名古屋場所で14勝1敗と優勝を飾り、史上4人目の十両1場所通過で、史上最速所用3場所での入幕を果たす。そのため力士のシンボルであるまげを結えないまま、幕内での取り組みを行うこととなった。

入幕後も進撃は続き、平成26年初場所では敢闘賞を受賞。実力も兼ね備えた遠藤の人気はうなぎ上り。その端正な容姿も相まって、とくに女性人気は凄く、初場所後に相撲協会が企画した「遠藤と隠岐の海にお姫様抱っこしてもらえる」という女性限定イベントには、募集定員6人に対し、8132人の応募があったとのこと。

逸ノ城は平成26年に湊部屋に入門。今や角界の一大勢力となったモンゴル出身力士のなかでも異才を放つ遊牧民出身者であり、平成25年の全日本実業団相撲選手権大会での優勝の実績より、翌年初場所に、こちらも幕下付出でデビュー。幕下2場所通過、新十両での優勝は遠藤と同じ経歴であるが、十両十枚目で11勝4敗での優勝だったためか、次の場所は十両三枚目と、最速タイ記録での入幕とはならなかった。しかし、その場所13勝を挙げ、秋場所に入幕を果たす。その新入幕の場所で2大関に勝利、そしてモンゴルの先輩である横綱・鶴竜から金星を獲得する。新入幕が金星を挙げるのは大錦以来41年ぶり、入門から5場所目での大関戦勝利、横綱戦勝利は史上初。結果13勝2敗の好成績を残し準優勝、世間に怪物ぶりをアピールした。

遠藤と逸ノ城の初対決は、平成27年初場所の初日。この年が2人の時代の幕開けであることを演出するかのような割が組まれ、懸賞も22本かかる期待の一番となった。結果は、逸ノ城のかちあげ気味の立ち会いを、突っ張りでかわし、その後もろ差しから一気によりきった遠藤が注目の初対決を制した。

平成27年春場所5日目、遠藤にアクシデントが発生する。松鳳山を突き落としで破り、4連勝を飾るも、左膝に全治2カ月の重傷を負ってしまい翌日から休場。一緒にイベントを行った隠岐の海も4日目から休場と、人気力士の欠場で場所の盛り上がりが懸念されたが、その事態を救ったのが照ノ富士である。

逸ノ城と同じ飛行機で来日し、留学先での寮も同部屋であった照ノ富士。平成22年に入門し、翌年5月の技能審査場所の前相撲で初土俵。当時のしこ名は「若三勝」。平成25年秋場所の十両昇進をきっかけに、第38代横綱照國と第63代横綱旭富士という2人の横綱にちなんだ照ノ富士に改名。十両を3場所で通過後、平成26年春場所で新入幕。その後着実に番付を上げ、前述の平成27年春場所に新関脇として13勝2敗、その場所優勝した白鵬に唯一の黒星をつけるなどの大活躍で、一気に次期大関候補の一番手に躍り出たのである。

大関昇進をめざす力士に求められるもの

大関昇進の目安は昇進前3場所で三役に在位し、33勝以上あげることとされている（明文化はされていない）。つまり1場所平均11勝以上ということになる。平成27年4月現在、横綱と大関は合わせて6人なので、1場所15日のうち9日は関脇以下の力士との対戦になるため、この9番でいかに取りこぼしをなくすかが重要となる。そこで大関をめざすためには、関脇以下に対してどのくらいの勝率を残さなければならないかをデータから探ってみよう。

本場所が復活した平成23年名古屋場所以降における大関の、対関脇以下の力士との勝率を見てみよう。

日馬富士　（23年7月〜24年9月）　7割9分8厘
鶴竜　（24年5月〜26年1月）　7割8分6厘
稀勢の里　（24年1月〜）　7割7分1厘
琴奨菊　（23年11月〜）　6割8分1厘

このデータから、大関となるためには関脇以下の力士に対して7割以上の勝率が必要になると推測される（なお琴奨菊は、平成25年九州場所で負傷した影響から、本調子とはいえない状況が続いているのだが、平成25年秋場所までのデータでは勝率は7割3分1厘となっている）。

平成24年夏場所以来、14場所連続で関脇に在位という記録を樹立したのち、平成26年秋場所で大関に昇進した豪栄道だが、この関脇在位期間における関脇以下の力士との勝率は6割9分5厘である。だが、過去6場所に限定した勝率の推移を見ると、大関昇格前3場所では7割を超えている（データ8－1）。また、大関昇格前3場所における関脇以下との勝率は7割6分

データ8－1　豪栄道の関脇以下との勝率の推移

	過去3場所における関脇以下との勝率	過去6場所における関脇以下との勝率
平成24年夏場所	6割2分5厘	5割8分2厘
平成24年名古屋場所	7割0分0厘	6割2分5厘
平成24年秋場所	6割4分0厘	6割2分7厘
平成24年九州場所	7割2分0厘	6割6分7厘
平成25年初場所	6割6分7厘	6割8分4厘
平成25年春場所	7割0分4厘	6割7分3厘
平成25年夏場所	6割7分9厘	6割9分8厘
平成25年名古屋場所	7割1分4厘	6割9分1厘
平成25年秋場所	7割0分4厘	7割0分4厘
平成25年九州場所	6割5分5厘	6割6分7厘
平成26年初場所	6割7分7厘	6割9分5厘
平成26年春場所	7割1分9厘	7割1分2厘
平成26年夏場所	7割4分2厘	7割0分0厘
平成26年名古屋場所	7割6分7厘	7割2分1厘

7厘となっている。

なお、表の見方であるが、「過去3場所における関脇以下との勝率」とは当該場所から3場所遡って集計した勝率であり、平成26年名古屋場所における「7割6分7厘」は平成26年春場所から26年名古屋場所までの3場所における関脇以下との対戦成績23勝7敗から計算している。「過去6場所における関脇以下との勝率」の欄の「7割2分1厘」は平成25年秋場所から26年名古屋場所までの6場所における関脇以下との対戦勝率である。この数値は統計学において時系列データを平滑化するための指標である移動平均のようなもの

データ８－２　上位陣の大関昇進前３場所における関脇以下との勝率

白鵬	日馬富士	鶴竜	稀勢の里	琴奨菊
8割4分4厘	7割6分7厘	8割2分1厘	8割4分4厘	7割9分4厘

データ８－３　過去の名力士の大関昇進前３場所における関脇以下との勝率

北の湖	千代の富士	曙	貴乃花	朝青龍
7割7分8厘	8割6分7厘	8割2分1厘	8割1分1厘	7割8分7厘

である。

ちなみにほかの上位陣の大関昇進前3場所での関脇以下との勝率は、データ8－2のようになっており、すべて7割5分超えという安定ぶりである。さらに、過去の名力士についての数字を見ても、ほとんどの力士が7割5分を超えていることがわかる（データ8－3）。つまり大関昇進のためには、直近3場所で関脇以下に7割5分以上の確率で勝てる実力が必要だということになるだろう。

では、これから角界の頂点をめざす3人の力士について、分析してみよう。

まずは遠藤の戦績である（データ8－4）。

遠藤は直近の5場所において平幕という位置ながら、過去6場所における関脇以下との対戦成績が6割を超えていない。じつは遠藤は三役経験がないのであるが、まさにそれを裏付ける数字があぶり出された。まずはこの数字をいかに引き上げるかが課題であった。平成27年春場所の序盤にようやく過去3場所勝率を6割ラインに乗せてきていただけに今回の大きな怪我はいろんな意味で痛い。力士

データ8－4　遠藤の戦績

	場所での関脇以下との対戦成績	過去3場所における関脇以下との勝率	過去6場所における関脇以下との勝率
平成26年名古屋場所	8勝7敗	5割4分3厘	5割8分4厘
平成26年秋場所	2勝6敗	5割0分0厘	5割3分5厘
平成26年九州場所	10勝5敗	5割3分8厘	5割8分3厘
平成27年初場所	5勝4敗	5割4分5厘	5割3分7厘
平成27年春場所	4勝1敗（6日目から休場）	6割5分5厘	5割6分5厘

にとって膝に爆弾を抱えるのは大変なことだろうが、早期の怪我からの復帰、そして上位進出をめざして精進してほしいと願うばかりである。

次に、逸ノ城を見てみよう。

新入幕の平成26年秋場所は13勝2敗だったが、関脇以下との対戦に限ると10勝1敗、飛び級で関脇に昇進した九州場所は上位陣との対戦が増え、苦戦が予想されたが、終わってみると8勝7敗で勝ち越し。横綱大関との対戦は1勝5敗だったが、関脇以下との対戦に限ると7勝2敗とほとんど取りこぼしをしていないことがわかる。

平成27年初場所では、6勝9敗と入幕後初の負け越しとなり、関脇以下とも4勝5敗。春場所も5勝4敗で、入幕後4場所での関脇以下との勝率は6割8分4厘となっている。春場所で対横綱・大関戦3勝2敗と勝ち越し、確実に実力向上の片鱗を見せている。関脇

データ8－5　照ノ富士の戦績

	場所での関脇以下との対戦成績	過去3場所における関脇以下との勝率	過去6場所における関脇以下との勝率
平成26年春場所	8勝7敗		
平成26年夏場所	9勝6敗		
平成26年名古屋場所	9勝6敗	5割7分8厘	
平成26年秋場所	5勝5敗	5割7分5厘	
平成26年九州場所	7勝3敗	6割0分0厘	
平成27年初場所	6勝4敗	6割0分0厘	5割8分7厘
平成27年春場所	10勝1敗	7割4分2厘	6割4分8厘

以下への取りこぼしをなくし、勝率7割5分の壁を超えられれば、自ずと大関昇進の道も開けてくるだろう。

そして、今もっとも大関に近い位置にいるとされている照ノ富士についてのデータを見てみよう（データ8－5）。実は入幕してから関脇以下との対戦はすべて勝ち越しているのである。

直近3場所での関脇以下との勝率は7割4分2厘という数字を残している。大関昇進の目安である7割5分までもうひと息である。

ちなみに照ノ富士は、平成27年の初場所と春場所の勝ち星合計が21。大関昇進の目安とされる33勝まであと12勝。関脇以下の勝率7割5分をキープし、横綱・

関脇以下との勝率が7割5分、横綱・大関との勝率が5割と仮定。
現在横綱・大関は6人。

関脇以下にx勝できる確率は

$$\frac{9!}{x!(9-x)!}(0.75)^x(0.25)^{9-x}$$

横綱・大関にy勝できる確率は

$$\frac{6!}{y!(6-y)!}(0.5)^6$$

で計算できる。

図8－1　勝敗の確率の計算過程

データ8－6　関脇以下と横綱・大関との対戦での勝敗の確率

関脇以下との対戦	確率	横綱・大関との対戦	確率
9勝0敗	7.51%	6勝0敗	1.6%
8勝1敗	22.53%	5勝1敗	9.38%
7勝2敗	30.03%	4勝2敗	23.44%
6勝3敗	23.36%	3勝3敗	31.25%

大関と互角の力を備えることができれば、次の場所で12勝以上できる確率は16・3％と計算された（図8－1、データ8－6、8－7）。

数字上では、厳しい状況ではあるが、ぜひこれを乗り越えられる活躍を期待したい。

横綱への険しい道のり

横綱をめざすとなれば、さらに取りこぼしは許されないことになる。ということは関脇以下との勝率はもっと上げなければならないだろう。

平成23年名古屋場所以降に

データ8－7　12勝以上できる確率

	関脇以下との対戦	横綱大関との対戦	各事象の確率	確率の合計
12勝	9勝	3勝	2.35%	10.81%
	8勝	4勝	5.28%	
	7勝	5勝	2.82%	
	6勝	6勝	0.36%	
13勝	9勝	4勝	1.76%	4.34%
	8勝	5勝	2.11%	
	7勝	6勝	0.47%	
14勝	9勝	5勝	0.70%	1.06%
	8勝	6勝	0.35%	
15勝	9勝	6勝	0.12%	0.12%

おける横綱の対関脇以下の力士との勝率は以下のとおりである。

白鵬　9割3分7厘
日馬富士（24年11月～）　8割1分1厘
鶴竜（26年5月～）　8割4分1厘

すべての力士が8割を超えており、とくに白鵬の勝率は驚異的である。

白鵬の圧倒的な強さの秘訣は下位に取りこぼしがないことにあるようだ。何しろ在位46場所で金星は9個しか与えていない。平成26年九州場所で6日目に高安に敗れ金星を配給したが、その前まで10場所連続で与えておらず、これは年6場所になってからの最長記録にもなっている。

ここで、歴代の横綱の中で、大関までの険しい出

データ8－8　大鵬のデータ

	番付	勝敗	関脇以下との勝率（過去3場所）
昭和35年初場所	西前頭13枚目	12勝3敗	
昭和35年春場所	東前頭4枚目	7勝8敗	
昭和35年夏場所	東前頭6枚目	11勝4敗	6割7分5厘
昭和35年名古屋場所	西小結	11勝4敗	6割5分8厘
昭和35年秋場所	西関脇	12勝3敗（準優勝）	7割8分9厘
昭和35年九州場所	東関脇	13勝2敗（優勝）	8割6分5厘

世道を早く乗り切った力士と苦労に苦労を重ねてたどり着いた力士について紹介しよう。

歴代の横綱のなかで、新入幕から大関までの場所数がもっとも少ないのは、第46代横綱・大鵬で、6場所で大関に昇進している。この期間の関脇以下との勝率の推移を見てみると、すべて6割以上という高水準となっている（データ8－8）。

入幕してから1度の負け越しはあるものの、ほかの5場所ではすべて2桁勝利という驚異的な成績を残しており、大関昇進前直近3場所での勝率も8割6分5厘と、このときですでに横綱級の実力を発揮している。その後大鵬は5場所で大関を通過。新入幕から11場所での横綱昇進は今もなお破られていないスピード記録である。

なお歴代横綱の中で、大鵬に次ぐスピード昇進力士3人と、その力士たちの昇進前3場所の対関脇以下の勝率をデータ8－9にまとめる。

では、逆に新入幕から大関昇進までの場所数が多かった横

データ8－9　スピード昇進力士の対関脇以下の勝率

	新入幕から大関昇進までの場所数	大関昇進直近3場所の対関脇以下との勝率
佐田の山	8場所	7割3分3厘
双羽黒	8場所	8割2分8厘
朝青龍	10場所	7割8分8厘

データ8－10　スロー昇進力士の対関脇以下の勝率

	新入幕から大関昇進までの場所数	大関昇進直近3場所の対関脇以下との勝率
隆の里	41場所	7割8分9厘
三重ノ海	38場所	7割4分3厘

綱を見てみよう（データ8－10）。

横綱昇進までの場所数がもっとも多かったのは、「おしん横綱」と称された隆の里で、昭和50年夏場所に入幕して昭和57年春場所に大関昇進、じつに41場所（6年と5場所）かかっている。隆の里はこの間3度十両に陥落しているのだが、4度目の入幕では早い段階で対関脇以下7割5分を超え、大関に適う力を見せていた。大関昇進がかかる場所での負け越しが続き、チャンスを逸していたものの、「おしん」のごとく耐え忍んで努力を積み重ねた結果、4度目の入幕後から17場所で大関昇進となったのである。

その後9場所で大関を通過、昭和58年秋場所、第59代横綱に昇進している。ちなみに初場所から91場所での横綱昇進は歴代2位のスロー出世である。

初土俵から97場所で横綱昇進というもっともスローな出世で有名な第57代横綱三重ノ海。新入幕から大関までも38場所かかっている。昭和48年には関脇以下との勝率を8割にまでしたのだが、その後5割前後を推移。昭和50年に入って調子を上げ、昇進時には7割超えとなった。

三重ノ海、隆の里と並んで横綱までの昇進に苦労した横綱として第53代横綱琴櫻の名も挙がるが、大関昇進までの場所数は28で4位。じつはこれ以上かかった名横綱がいるのをご存じだろうか。第58代横綱千代の富士である。

昭和50年秋場所に昭和30年代生まれの力士として第1号の新入幕を果たすが、5勝10敗と大負けし、その後、幕下まで陥落。再入幕は3年後の昭和53年初場所。小結まで昇進するも、上位の壁に跳ね返され、さらには肩の脱臼が再発し、ふたたび十両へ陥落。完治していないにもかかわらず、昭和54年夏場所3日目から強行出場し9勝4敗2休と勝ち越し、1場所で幕内返り咲き。

その後、毎日500回の腕立て伏せなどで築いた肩の筋肉が、脱臼を克服するだけでなく、自分の相撲の形を形成するのに役立ち、3度目の入幕以降は10場所で大関昇進を果たす。しかし新入幕から数えると33場所となり、スロー出世の部類に入るのである。なお大関昇進直前の場所では14勝1敗で優勝を飾っているが、1敗は北の湖との本割での勝負によるもので、関脇以下とは11勝0敗。直近3場所での勝率は8割6分7厘と大鵬の勝率を超えている（データ8－11）。

データ 8－11　千代の富士のデータ

	番付	勝敗	関脇以下との勝率（過去 3 場所）
昭和 50 年秋場所	東前頭 12 枚目	5 勝 10 敗	十両、幕下陥落
昭和 53 年初場所	東前頭 12 枚目	8 勝 7 敗	
昭和 53 年春場所	東前頭 8 枚目	8 勝 7 敗	
昭和 53 年夏場所	東前頭 5 枚目	9 勝 6 敗	
昭和 53 年名古屋場所	西小結	5 勝 10 敗	
昭和 53 年秋場所	東前頭 4 枚目	4 勝 11 敗	
昭和 53 年九州場所	西前頭 10 枚目	9 勝 6 敗	
昭和 54 年初場所	東前頭 4 枚目	5 勝 10 敗	
昭和 54 年春場所	西前頭 8 枚目	2 勝 6 敗 7 休	十両陥落
昭和 54 年夏場所	西十両 2 枚目	9 勝 4 敗 2 休	
昭和 54 年名古屋場所	西前頭 14 枚目	8 勝 7 敗	
昭和 54 年秋場所	東前頭 10 枚目	8 勝 7 敗	
昭和 54 年九州場所	東前頭 7 枚目	7 勝 8 敗	5 割 2 分 3 厘
昭和 55 年初場所	西前頭 8 枚目	8 勝 7 敗	5 割 2 分 3 厘
昭和 55 年春場所	東前頭 3 枚目	8 勝 7 敗	4 割 8 分 7 厘
昭和 55 年夏場所	西小結	6 勝 9 敗	5 割 1 分 5 厘
昭和 55 年名古屋場所	西前頭 2 枚目	9 勝 6 敗	5 割 3 分 6 厘
昭和 55 年秋場所	東小結	10 勝 5 敗	6 割 2 分 1 厘
昭和 55 年九州場所	東関脇	11 勝 4 敗	7 割 2 分 4 厘
昭和 56 年初場所	東関脇	14 勝 1 敗	8 割 6 分 7 厘

さてお気づきになっただろうか。入幕から苦労して大関になった横綱として挙げた3力士は
第57代　三重ノ海
第58代　千代の富士
第59代　隆の里
と偶然にも3代続いての横綱となっていたのである。
当時の角界は、北の富士、玉の海、出世街道まっしぐらで横綱となった北の湖、輪島などの上位陣が充実した番付であり、全盛期の彼らに真っ向勝負を挑まなければならない厳しい時代であったともいえよう。そんな時代を耐え忍んで横綱に上り詰めた力士たちなのである。

7勝7敗で千秋楽を迎えた力士の勝敗は

スティーヴン・D・レヴィットとスティーヴン・J・ダブナーによる著書『ヤバい経済学』（東洋経済新報社）で、7勝7敗で千秋楽を迎えた力士の勝負のデータから
相撲に八百長なんかないとはとても言い張れない。
と記されている。この本が編纂されたのは平成17年だが、その後平成23年に前年の大相撲野球

データ8－12　7勝7敗力士の千秋楽での勝敗

	勝利	敗北	勝率	7勝7敗どうしの対決
平成23年	9	11	.450	5
平成24年	15	8	.652	3
平成25年	24	16	.600	1
平成26年	22	10	.688	3
計	70	45	.609	12

賭博問題での捜査によって、相撲も賭けの対象としており、数名の力士が八百長にかかわったとの報道がなされたのはみなさんもご存じのとおり。そのためこの年の春場所は中止となった。

その後、技量審査場所を経て、名古屋場所から本場所が復活した。では、この技量審査場所以降、7勝7敗で千秋楽を迎えた力士の勝敗データはどのようになっているだろうか。

まずは、平成23年以降、7勝7敗の力士の千秋楽での勝敗を見てみよう（データ8－12）。

平成23年では勝率5割以下だったが、24年以降は7勝7敗の力士の千秋楽での勝率は6割を超える程度となっている。この一番に勝ち越しがかかるとの意気込みを考えれば、この数字はさもありなんと感じる。

また『ヤバい経済学』で問題となった7勝7敗対8勝6敗の力士の勝率だが、トータル27勝15敗で、勝率6割4分3厘となっている。以前はこの数字が7割9分6厘もあって不自然だと指摘されていたが、この数字は全体の勝率6割9厘とほぼ同等である。

また「星の貸し借り」を示すデータとして、7勝7敗で千秋楽に勝利した相手に対し、翌場所の勝率が異常に悪くなることが示されていたが、平成23年以降での、翌場所の対戦成績を見ると、20勝14敗（対戦なし28）となっている。これはむしろ当然の結果であり、星の貸し借りを示すような数値にはなっていない。

大型化する力士のための大相撲改革案とは

昔の大相撲の映像と現在のものを見比べると、土俵の見える面積の違いを感じる方も多いだろう。昭和の巨漢力士として知られる高見山でも、全盛期は160kg程度だったわけで、200kg超もまれではなくなった近年の力士の大型化は目を見張るものがある。

幕内力士の平均体重の推移をデータ8－13に示す。

データ8－13　幕内力士平均体重推移

昭和28年	114.5 kg
昭和40年	123.3 Kg
昭和52年	130.9 kg
昭和57年	140.4 kg
平成3年	150.5 kg
平成9年	159.5 kg
平成17年	148.8 kg
平成25年	162.4 kg

日本相撲協会の資料より引用。

ついに平均体重が160kgを超えたことがわかる。

現在、幕内最軽量は横綱・日馬富士の135kgだが、それでも若三杉（後の二代目若乃花）が大関に昇進した昭和52年ごろの幕内の平均体重よりも重く、力士の大型化もここまできたかという感じである。

20年前の関取には舞の海、智ノ花、旭道山、維新力

データ 8－14　決まり手の変遷

	昭和 48 年		平成 5 年		平成 25 年	
平均体重	124.0 kg		157.3 kg		162.4 kg	
1	よりきり	26.6%	よりきり	31.7%	よりきり	27.6%
2	おしだし	12.8%	おしだし	17.1%	おしだし	21.0%
3	うわてなげ	7.9%	うわてなげ	7.5%	はたきこみ	8.1%
4	つりだし	5.9%	はたきこみ	6.2%	つきおとし	6.2%
5	はたきこみ	5.9%	よりたおし	4.9%	うわてなげ	5.6%
6	つきおとし	5.4%	つきおとし	4.0%	ひきおとし	3.8%
7	よりたおし	4.2%	したてなげ	3.7%	おしたおし	3.5%
8	つきだし	3.8%	おくりだし	3.2%	すくいなげ	3.4%
9	すくいなげ	3.6%	すくいなげ	2.8%	よりたおし	3.2%
10	したてなげ	3.4%	おしたおし	2.6%	つきだし	2.9%
11	ひきおとし	3.3%	ひきおとし	2.5%	おくりだし	2.4%
12	そとがけ	2.2%	こてなげ	2.4%	こてなげ	2.2%
投げ技の比率		19.0%		18.4%		16.0%
かけ技の比率		5.5%		2.4%		0.7%

平成 25 年 12 月 14 日付朝日新聞より引用。

といった100kgに満たない力士が名を連ねていて、大きな力士に対して多彩な技で土俵を沸かせるといった光景がよく見受けられた。「技のデパート」と呼ばれた舞の海は幕内で33種類の決まり手を繰り出した（ちなみに「技のデパート・モンゴル支店」と評された旭鷲山は、その上をいく49種類の決まり手を披露、朝青龍が46種類、日馬富士41種類、白鵬36種類と、モンゴル出身の力士は、舞の海以上に多彩な技を繰り出していることが判明した）。

近年の相撲は、体が大きくな

った反面、そういった技能相撲を見せる力士が減ったと感じるが、そこで現在と過去の取り組みにおける決まり手の変遷を見てみよう（データ8‐14）。

40年前に4位だった「つりだし」は、力士の体重増加に伴い繰り出されることもなく、平成25年では2番しか見られなかった。

また40年前にランクインしていた「そとがけ」をはじめ、「うちがけ」「あしとり」「けたぐり」「けかえし」「こまたすくい」などといった「かけ技」も近年ではほとんど見ることができなくなっている。

また20年前まで3位だった「うわてなげ」も最近では5位に転落。いわゆる四つ相撲からの投げ技も減少している。それに代わって「はたきこみ」や「ひきおとし」といった引き技の比率は増加の傾向にある。

この現象は、力士の大型化によって、技能系の力士が土俵上で技を繰り出すためのスペースが少なくなり、そのため技を出す前によりきられたり、はたきこまれたりすることに起因するものと想像する。

せっかく相撲人気が復興し始め、多くの耳目がまた大相撲に集まるようになった昨今、ここは大胆な改革案を打ち出して実行する機会であろう。そこで、技能系力士が活躍し、「小よく大を制する」を魅せるための解決案として「土俵を広くする」というのはいかがだろうか。

「そんな相撲の歴史を変えるようなことなんてできるのか」とお思いの方もいらっしゃるだろうが、じつは土俵の直径を大きくした前例はあるのだ。

昭和6年の夏場所から、それまで13尺だった土俵の直径を15尺（4・55m）に変更したのである。やはりこれも、当時の力士の大型化に伴い、より激しい攻防を見てもらうためにとのことで断行された。

協会のみなさまには「ぜひ土俵を大きくして、力士の技を繰り出す余地を与えていただきたい」と願うばかりである。

コラム　柔道ニッポン・お家芸復活に向けた方策とは

翳りの見える日本柔道

「柔よく剛を制す」が基本理念の柔道は、元来、体重無差別で行う競技である。1948年から開催されている全日本柔道選手権大会は、現在もなお体重の階級区分がなく、無差別でのみ行われている。また56年に始まった世界柔道選手権大会（世界柔道）も、最初の3回は無差別のみの開催であった。

体重別による階級が導入されたのは64年の東京オリンピックからで、軽量級（60kg以下）、中量級（80kg以下）、重量級（80kg超）、そして無差別級の四つの階級で行われた。体重別の三つの階級では日本人選手が金メダルを獲得したが、無差別級は、オランダのアントン・ヘーシンクが日本の神永昭夫を制し、初代無差別級王者となった。当時の日本では「お家芸」の根幹を揺るがす衝撃的なニュースとして扱われたが、柔道が国際的なスポーツとして認知されるきっかけともなったエポックメイキングな出来事といえよう。

しかしながら、やはり日本はオリンピックで本領を発揮し、これまでに獲得した金メダルは36で、フランスの12、韓国の11を大きく引き離している。また日本が東京オリンピック以降に獲得したメダル総数283のうち、25%は柔道によるものである（データ①）。

2015年現在、柔道の国際試合における階級は男女とも7で、伝説の山下泰裕対モハ

データ①　日本のオリンピックメダル獲得数における柔道の占める割合

開催年	開催地	金メダル獲得数（比率）	メダル獲得数（比率）
1964	東京	3（19%）	4（14%）
1972	ミュンヘン	3（23%）	4（14%）
1976	モントリオール	3（33%）	5（20%）
1984	ロサンゼルス	4（40%）	5（16%）
1988	ソウル	1（25%）	4（29%）
1992	バルセロナ	2（66%）	10（45%）
1996	アトランタ	3（100%）	8（57%）
2000	シドニー	4（80%）	8（44%）
2004	アテネ	8（50%）	10（27%）
2008	北京	4（44%）	7（28%）
2012	ロンドン	1（14%）	7（18%）
計			72（25%）

メド・ラシュワン（エジプト）の決勝戦が行われた84年のロサンゼルス・オリンピックを最後に、無差別級はオリンピックから姿を消した。ただし世界柔道には無差別級が残っており、ある意味世界柔道無差別級の勝者が、真の世界最強柔道家であるといっても過言ではないだろう。過去27回のうち、19回日本人がその栄冠に輝いている。とくに65年の猪熊功から91年小川直也の3連覇まで、じつに13回連続で日本人が制している。しかし99年の篠原信一以降は、2大会に1回のペースとなっている。

世界の潮流との違いは？

日本は「一本勝ち」にこだわり、世界はポイントを稼ぐ柔道に徹するため、その潮流に乗れず、日本が苦戦しているのではという言説を聞くが、それをデータで検証してみよう。

08年の北京オリンピックでは、四つの金メダルを獲得し、一本勝ちの比率は55・9％と全体の平均を10ポイント近く上回る好成績を残している。ところが、12年のロンドン・オリンピックでは金メダ

データ②　オリンピックと世界柔道における日本の戦績

	2008	2011	2012	2013	2014
勝率（順位）	72.3% （2位）	80.0% （1位）	70.4% （2位）	67.6% （8位）	77.6% （1位）
一本勝ちの比率 （大会平均）	55.9% （46.4%）	61.5% （60.6%）	26.3% （42.7%）	67.4% （60.3%）	61.0% （53.4%）
金メダル	4	5	1	3	5
総メダル	7	15	7	7	11

国際柔道連盟（IJF）公式サイト（www.intjudo.eu）より引用。

ルがひとつ、一本勝ちも26・3%に低下。全体の平均を下回る結果となった。もちろん、日本選手は、ほかの国の選手からマークされる存在であるため、得意手を封じられる作戦をとられるなど、困難な状況での戦いを強いられることだろう。

だが、世界柔道においては、日本の一本勝ちの比率は、最近においても6割を超えており、平均以上の戦績を残している。金メダルの数も国別成績では毎回トップであり、まだ日本は世界のトップランナーであることは間違いないだろう（データ②）。

ただ、気になる点もある。13年ブラジル・リオでの世界柔道では、22年ぶりに女子のメダルがゼロとなってしまった。80年に世界選手権で女子の大会が始まって以来、第7回までは、日本人の優勝は84年、52kg級の山口香のみであった。しかし93年に48kg級で田村亮子が18歳1カ月で女子最年少優勝を果たして以来、6連覇を含む7回の優勝を飾る。また重量級でも78kg級で阿武《あんの》教子《のりこ》が4連覇を達成するなど、各階級で人材が揃い、10年の世界柔道では7階級中5階級を制覇。78kg超級の杉本美香は無差別級と2階級制覇を成し遂げた。しかしたった3年でこの凋落である。近年、女子柔道を取り巻

く環境に関して大きく報道があったせいかどうかは定かではないにせよ、柔道人口の減少はひとつの要因であったかもしれない。ただこれは女子だけに限らず、男子のほうも同様である。

柔道大国フランス

競技人口という観点からすれば、現在、世界における柔道大国はフランスである。日本の柔道人口が20万人に対し、フランスは80万人といわれている。ちなみに青い柔道着が導入されるようになったのもフランスの提案によるものである。

100kg超級では、90年代にダビド・ドゥイエが、07年以降はテディ・リネールが席巻している。07年の初優勝時、リネールはまだ18歳5カ月で男子最年少優勝を果たした。

近年はデータから見ても、日本の勝率を上回ることも多く、一本勝ちの比率も決して低いわけではない（データ③）。徐々にイニシアティブがフランスに移行しそうな状況である。そんなフランスから日本がぜひ見習ってほしいところがある。それは指導者育成シス

データ③　世界柔道におけるフランスの戦績

	2008	2011	2012	2013	2014
勝率	62.2% （7位）	70.4% （2位）	73.5% （1位）	68.8% （4位）	72.0% （2位）
一本勝ちの比率 （大会平均）	46.4% （46.4%）	66.7% （60.6%）	30.6% （42.7%）	47.7% （60.3%）	40.7% （53.4%）
金メダル	0	4	2	2	3
総メダル	4	5	7	7	8

国際柔道連盟（IJF）公式サイト（www.intjudo.eu）より引用。

テムである。

フランスでは柔道指導には国家資格が必要で、柔道の技術指導だけでなく、生理学、精神医学、救急救命学といった医学的知識も要求されるようで、合格率も60％ほど。またランクも3段階あり、最上級のランクになるまでには最低でも6年かかるとのこと。この制度が機能しているせいか、フランスでの柔道による死亡事故はゼロであるという報告もある。

13年に日本でも「公認柔道指導者資格制度」が導入されることになった。また12年には中学校の体育で武道が男女とも必須となり、多くの学校で柔道が履修されることとなった。適切な指導がなされることで、日本で柔道を志す若年層が充実し、「お家芸」を伝承する柔道家を生み出す土壌をもたらすことだろう。

参考文献・参考ウェブサイト

◆書籍

渡辺啓太『なぜ全日本女子バレーは世界と互角に戦えるのか―勝利をつかむデータ分析術』東邦出版（2012年）

安田憲二、前田和宏『卓球人生！指導者の魂～部活指導としての神髄～』DoCompany 出版（2014年）

竹内啓、藤野和建『スポーツの数理科学―もっと楽しむための数字の読み方』共立出版（1988年）

マーク・ブローディ『ゴルフデータ革命―SG指標で「一打の重み」を可視化する』（吉田晋治 訳）プレジデント社（2014年）

スティーブン・D・レヴィット、スティーブン・J・ダブナー『ヤバい経済学』（望月望 訳）東洋経済新報社（2006年）

◆雑誌

『スイミングマガジン』ベースボールマガジン社

◆ウェブサイト（２０１５年４月時点）

●男子プロテニス協会（ＡＴＰ）公式サイト　http://www.atpworldtour.com/
●女子テニス協会（ＷＴＡ）公式サイト　http://www.wtatennis.com/
●WEDGE Infinity「科学で斬るスポーツ」　http://wedge.ismedia.jp/articles/-/4244
●国際卓球連盟（ＩＴＴＦ）公式サイト　http://www.ittf.com/
●日本卓球協会公式サイト　http://www.jtta.or.jp/
●国際水泳連盟（ＦＩＮＡ）公式サイト　http://www.fina.org/H2O/
●日本水泳連盟公式サイト　http://www.swim.or.jp/
●国際サッカー連盟（ＦＩＦＡ）公式サイト　http://www.fifa.com/
●日本サッカー協会（ＪＦＡ）公式サイト　http://www.jfa.jp/
●Ｊリーグ公式サイト　http://www.jleague.jp/
●FOOTBALL LAB　http://football-lab.jp/
●ワールドカップのデータベース　http://members.jcom.home.ne.jp/wcp/
●総務省ウェブサイト「社会生活基本調査」　http://www.stat.go.jp/data/shakai/2011/
●ＬＰＧＡツアー公式サイト　http://www.lpga.com/

●日本ゴルフツアー機構公式サイト　http://www.jgto.org/pc/
●ＰＧＡツアー公式サイト　http://www.pgatour.com/
●日本陸上競技連盟公式サイト　http://www.jaaf.or.jp/
●国際陸上競技連盟公式サイト　http://www.iaaf.org/home
●箱根駅伝公式サイト　http://www.hakone-ekiden.jp/
●国際スキー連盟公式サイト　http://www.fis-ski.com/ski-jumping/
●世界カーリング連盟公式サイト（ソチオリンピック特設ページ）
　http://sochi2014.curlingevents.com/Olympics
●国際スケート連盟公式サイト　http://www.isu.org/en/home
●日本スケート連盟公式サイト　http://skatingjapan.or.jp/
●日本相撲協会公式サイト　http://www.sumo.or.jp/
●大相撲星取表　http://gans01.fc2web.com/era/H2.html
●大相撲記録の玉手箱　http://www.fsinet.or.jp/~sumo/sumo.htm
●社会科学者の随想　http://blog.livedoor.jp/bbgmgt/archives/2501008.html
●Wikipedia　http://ja.wikipedia.org/wiki/

あとがき

統計学の理論を用いて、野球における選手や戦術の科学的な評価を行う「セイバーメトリクス」。2011年以降、セイバーメトリクス関連の書籍を年1冊のペースで上梓し、日本における普及活動に少しばかり貢献したとの自負をもつ筆者だが、このたび野球以外のスポーツに関する統計学の書籍を上梓するにいたった。

近年、「セイバーメトリクス」は日本でも浸透し、プロ球団のフロントが活用する事例も多数ある。また本文で紹介しきれなかった競技においても、データ解析による競技の分析がなされている例は多数ある。とくにアメリカのメジャースポーツであるアメリカンフットボールは、まさにデータの宝庫。ナショナル・フットボール・リーグ（NFL）で行われる試合はある意味、データ解析によって編み出された最適戦略の具現化の場となっており、その成功確率が高いほど強いチームとなっている。現在NFL最強と称されるイングランド・ペイトリオッツは、ヘッドコーチ、ビル・ベリチックの編み出す戦術と、それを実現するクオーターバック、トム・ブレイディの融合によって、その地位を築き上げた。

日本でも剣道の間合いの推移を分析した研究がなされている。名古屋大学の山本裕二教授の研究グループによると、二者間の攻防はわずか6個のパターンしかなく、このパターンの切り替えが無数の複雑に見える動きを生成しているという。連続的な動きをデジタルなデータの組み合わせに変換した例である。

今後、競技力のさらなる向上にデータ解析は必要である。その下支えは、高度な技術革新によるデータ収集技術の向上だけでなく、データを正確に読み取り、分析する能力をもつアナリストの育成である。本書では、一部の分析を除き、記述統計と呼ばれる手法を用いて見えてきたエピソードを中心に取り上げた。そのため、統計学に精通されている読者には物足りない内容だったかもしれない。しかし本書がきっかけで、スポーツのデータ解析に興味をもっていただくことも視野に入れた内容となっていることをご承知おき願いたい。


この本に掲載した文章には、私が連載を担当した各媒体でのコラムのなかでスポーツを題材としたものをベースとし、連載時からの時間経過によって変動したデータを付け加える形で再編纂したものが多く存在する。未熟な私にコラム発表の場を与えていただいた関係各位のご好意に感謝の意を表する。とくに窓口となっていただいたみなさまには、原稿チェックなどで大変お世話になった。

クレジットカードVISAの会員向け情報誌『VISA』の連載コラム「数字でスポーツ観戦」ご担当の笠井良彦氏、テレビ東京ショッピング「てれとマート」の公式サイトの連載コラム「統計学者・鳥越規央のビッグデータ生活」ご担当の丸山由美子氏、共同通信社発信のサッカーコラム「サッカー×統計=?」ご担当の宮崎晃氏、東京スポーツの連載コラム「なんでも統計学」ご担当の林崎洋明氏、山崎正義氏に心より御礼申し上げる。

本書執筆のきっかけは、化学同人の津留貴彰氏の熱心なお誘いを頂戴したことに遡る。そこから長い間お待たせすることになり、大変恐縮する毎日を過ごすことになるのだが、こうして本書が日の目を見ることができたのは、津留氏の忍耐力の賜物といえよう。ここにお詫びするとともに、多大なる感謝の意を表す。

そしてこれまで私にさまざまな形でご支援いただいたすべてのみなさまに本書を捧げる。

2015年4月

鳥越　規央

鳥越規央（とりごえ・のりお）

1969 年大分県生まれ。92 年、筑波大学（第一学群、自然学類数学主専攻）卒業、97 年筑波大学大学院数学研究科修了。博士（理学）。

専門は、数理統計学、セイバーメトリクス、スポーツ統計学。

統計学者として、学会活動はもちろん、テレビやラジオへの出演、コラムの執筆など、多方面で積極的な活動をしている。

著書に、『９回裏無死１塁でバントはするな』（祥伝社）、『本当は強い阪神タイガース』（筑摩書房）、『勝てる野球の統計学』（共著、岩波書店）など多数。

DOJIN 選書　065

スポーツを10倍楽《ばいたの》しむ統計学《とうけいがく》　データで一変《いっぺん》するスポーツ観戦《かんせん》

第 1 版　第 1 刷　2015 年 5 月 20 日

検印廃止

著　　者　鳥越規央
発 行 者　曽根良介
発 行 所　株式会社化学同人
600 - 8074　京都市下京区仏光寺通柳馬場西入ル
編集部　TEL：075-352-3711　FAX：075-352-0371
営業部　TEL：075-352-3373　FAX：075-351-8301
振替　01010-7-5702
http://www.kagakudojin.co.jp　webmaster@kagakudojin.co.jp
装　　幀　BAUMDORF・木村由久
印刷・製本　創栄図書印刷株式会社

ISBN978-4-7598-1665-5

DOJIN選書・好評既刊

統計数字を読み解くセンス
——当確はなぜすぐにわかるのか？

青木繁伸

現代社会に欠かせない統計数字（データ）の収集・分析法、結果の導き方など、統計学の考え方を丁寧に解説。将来予測や意思決定に役立てるための知恵を伝授する。

トップアスリートの動きは何が違うのか
——スポーツ科学が教える一流選手の秘密

山田憲政

トップアスリートと一般人。パフォーマンスの差はどんな要因によるのか。合理的な動きという観点からスプリント競技や投球動作などを読み解く、スポーツ科学の最前線。

Amazonランキングの謎を解く
——確率的な順位付けが教える売上の構造

服部哲弥

Amazonで公開されているランキングを追いかけ、数学を駆使した分析で見えてきた現象とは。限られたデータから現実の社会現象を鮮やかに照らし出す。

脳がつくる3D世界
——立体視のなぞとしくみ

藤田一郎

脳は、二次元の視覚情報から奥行きに関する情報を抽出して、三次元世界を心の中につくり出す。このときの脳の仕事を、最先端の研究まで紹介しながら読み解く。

情報を生み出す触覚の知性
——情報社会をいきるための感覚のリテラシー

渡邊淳司

情報と自分との関係を適切に判断するには、身体的な体験を通した理解が重要である。触覚と情報を結ぶ力を「触知性」と名づけ、情報への感受性のあり方を考える。

DOJIN選書・好評既刊

つくられる偽りの記憶
――あなたの思い出は本物か？

越智啓太

前世の記憶、生まれた瞬間の記憶、エイリアン・アブダクションの記憶といった、信じがたい記憶現象の背後にある心理的なメカニズムとは。最新の知見から読み解く。

地球の変動はどこまで宇宙で解明できるか
――太陽活動から読み解く地球の過去・現在・未来

宮原ひろ子

屋久杉や南極の氷は、太陽活動や宇宙環境のどんな姿を教えてくれるのか。地球46億年の変動を「宇宙気候学」で読み解き、地球理解の新しい視点を提供する。

絶対音感神話
――科学で解き明かすほんとうの姿

宮崎謙一

絶対音感は音楽的に優れた能力なのか。巷にあふれるさまざまな神話のほんとうの姿を、絶対音感研究の第一人者が、データに基づきながら解き明かす。

料理と科学のおいしい出会い
――分子調理が食の常識を変える

石川伸一

おいしい料理に必要なのは料理人のウデだけじゃない！ 科学の目で料理を見つめて、調理の「地頭力」を鍛えよう。分子調理のおいしい世界をご堪能あれ。

和算の再発見
――東洋で生まれたもう一つの数学

城地茂

鶴亀算、三平方の定理、高次方程式の解法、円周率の計算、ソロバン、魔方陣の作成方法……西洋数学伝来以前に栄えた数学が育んだ知恵とは。数奇な歴史をひもとく。